向日本名店學習

創意美味咖哩

水野仁輔 著　李秦 譯

前　言

　　大家都想做美味的咖哩。不過卻很少人願意分享製作咖哩的訣竅。於是就會想要買本食譜對吧！就像正在閱讀本書的各位一樣。

　　能夠與美味的食譜相遇，充實你的咖哩生活。不過光是這樣我還是覺得不能滿足。每個人對於美味的定義都有所不同，也許有一個對某人來說非常優秀的食譜，對另一個人來說則不然。因此我認為如果有什麼大家都公認的美味料理，那也不是什麼了不起的美食。

　　所以到底該怎麼做才好？我覺得與其抱著偶遇美味食譜的期待，不如從食譜當中學習基本的觀念與靈活應用技巧。我在各個咖哩名店學習，並不是說老闆教授了我什麼技巧，而是透過品嘗之後，我開始想像這個咖哩美味的祕訣是什麼呢？當我找到美味的祕訣，下次我就試著應用在自己的料理之中。

　　這個咖哩之所以美味，一定有它的道理。從它展現出來的特色中找出隱藏的提示。如果能夠掌握住其中的提示的話，我擁有的東西就可以傳授給各位了。

　　這本《向日本名店學習創意美味咖哩》並不是要重現咖哩名店的食譜，對我來說是向最喜歡的名店致敬，對各位來說則是將名店咖哩的精華應用在自己咖哩的食譜。希望各位能從本書中習得美味的祕訣，然後對自己製作的咖哩施展魔法吧！

本 書 的 使 用 方 法

本書中所介紹的食譜也有例外的部分，但是基本的結構如下：

如 何 閱 讀 食 譜

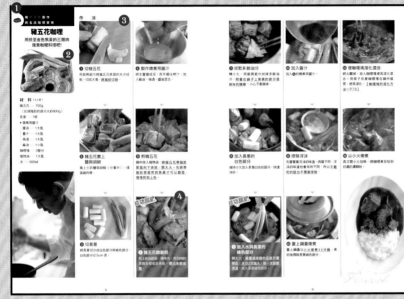

❶ 使用咖哩塊、咖哩粉 或是辛香料？

本書的食譜是使用咖哩塊、咖哩粉或辛香料為基底。使用哪一種基底可以從這裡一目瞭然。基本上基底製作的難易度是以咖哩塊→咖哩粉→辛香料的順序往上升。

❷ 食材標示 從圖片掌握食材分量

介紹食譜中所使用的食材。也有將各項食材擺在不鏽鋼盤上的圖片，能夠以圖片掌握粗略的分量概念。

作　法

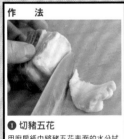

❶ 切豬五花

用廚房紙巾將豬五花表面的水分拭乾。切成大塊，將脂肪切除。

❸ 按照步驟 逐步解說

從頭到尾按照順序附照片解說。文中畫底線的部分為料理重點。充分掌握這個部分，即可應用在全部的食譜中，請務必牢記。

❻ 豬五花翻面煎

煎上色後翻面，轉中火，煎到肉的表面全都成金黃色，釋出多餘油脂。

❹ 高下立判的重點 「成功關鍵」

左右成品味道的重要步驟，會特別標示「成功關鍵」。料理時請特別注重這個步驟。

料 理 重 點

計　量 ・1大匙為15㎖，1小匙為5㎖，1杯為200㎖。

材　料 ・洋蔥1顆為200g，大蒜1片約10g，生薑1片約為10g。
　　　　・根據廠牌的不同，1盤份的咖哩塊分量可能有所不同，請依照廠商標示1盤份所使用的咖哩塊重量作為參考。
　　　　・<u>本書中將鹽撒在食材上，以引出食材鮮甜味的作法稱為「脫水」（參照P94「家常豬肉咖哩」）。因會頻繁的使用鹽，所以基本上撒在洋蔥與肉類上的鹽都是分量外的。</u>

器　具 ・挑選鍋子（平底鍋）時，我建議使用較深的鍋子。本書使用是直徑21cm、深8.5cm的鍋子。

火　候 ・目測火候的標準是：大火為「火焰充分接觸到鍋底的程度」，中火為「火焰剛好頂到鍋底的程度」，小火為「火焰好像快接觸到鍋底，但是並沒有碰到的程度」。

CONTENTS

第 **1** 章
經過英國的洗禮
通往令人驕傲的日本咖哩王道

歐風咖哩
名店篇

隱藏在商店街角落
超讚豬肉咖哩

為何他們的豬肉會如此軟嫩又美味呢？
沒想到燉煮豬肉的祕訣竟是如此單純

距今20年前左右，我吃到燉煮得鮮嫩柔軟的豬肉時，覺得內心激動不已。那是在笹塚商店街一家叫做「M'S CURRY」的店吃到的，甜中帶鹹的豬肉咖哩有燉煮豬肉淋上多明格拉斯醬的味道。實在是讓人意想不到的作法。

在座位只有一排吧檯的狹窄店面裡，沉默寡言的老闆蹲在廚房，從地板下的小儲藏櫃拿出備好料的食材與料理。匆匆忙忙的樣子就好像裡面藏了什麼祕密武器一般。我想著該不會豬肉如此軟嫩的祕密也藏在儲藏櫃中吧？

我立刻決定著手進行「咖哩燉煮的研究」。首先使用的器具是壓力鍋。果然短時間內就能做出入口即化的肉塊。有一陣子我沉迷在壓力鍋的研究中，但是因為肉有點走味這個缺點，讓我對壓力鍋的熱情很快就冷卻了。我也曾像是要報殺父之仇般地將肉燉煮5、6個小時，結果肉味全都流失，乾乾柴柴地味如嚼蠟。我又試著用如地獄業火般滾燙的大火燉肉，結果肉卻是難以置信的乾硬。「燉煮」這道料理工夫就是如此的困難。

不然乾脆將我家廚房的地板挖一個洞，讓燉熟豬肉在這裡熟成好了……。重新振作起來反覆做實驗的我終於得到一個結論，以適當的時間用小火細心燉煮才是最美味的。豬肉軟嫩的祕訣就是如此簡單。

細心、耐心地以小火燉煮
雖然單純
卻是料理基本中的基本

火候小肉就會軟，反之火候大肉就會硬，這是料理的鐵則。很多人容易誤會的地方是，就算先將肉的表面煎烤過也無法將鮮味鎖在裡面。隨著長時間燉煮，肉的味道也會流失在醬汁中。緩慢細心地燉煮，但是時間不要過長。一旦咖哩冷掉，要重新加熱時也不要用大火加熱。

豬五花咖哩

用煎至金色焦黃的三層肉
燉煮咖哩料理吧!

材　料（4人份）

豬五花……700g
　（扣掉脂肪的部分大約600g）
長蔥……1根
■ 燉煮用醬汁
　醬油……1大匙
　薑汁……1大匙
　梅酒……1大匙
　麻油……1小匙
咖哩塊……3盤份
植物油……1大匙
水……500mℓ

作　法

❶ 切豬五花

用廚房紙巾將豬五花表面的水分拭
乾。切成大塊,將脂肪切除。

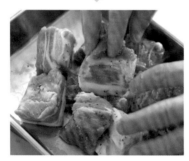

❷ 豬五花撒上
　鹽與胡椒

撒上少許鹽與胡椒（分量外）,揉
進豬肉裡。

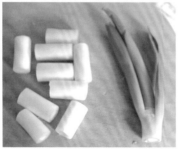

❸ 切長蔥

將長蔥切分成白色部分與綠色部分,
白色部分切 5cm 長。

❹ 製作燉煮用醬汁

將生薑磨成泥,用手握住榨汁。加
入麻油、梅酒、醬油混合。

❺ 煎豬五花

鍋中放入植物油,將豬五花帶脂肪
那面向下排放,開大火。先將帶
脂肪那面煎到焦黃才可以翻面,
慢慢煎到上色。

成功關鍵

❻ 豬五花翻面煎

煎上色後翻面,轉中火,煎到肉的
表面全都成金黃色,釋出多餘油
脂。

❼ 拭乾多餘油分

轉小火，用廚房紙巾拭掉多餘油分。<u>附著在鍋子上焦黑的部分是鮮味的精華</u>，小心不要擦掉。

❿ 加入醬汁

加入❹的燉煮用醬汁。

⓭ 使咖哩塊溶化混合

將火關掉，放入咖哩塊使其溶化混合。用筷子夾著咖哩塊在鍋中搖晃，使其溶化。【咖哩塊的溶化方法☞P97】

❽ 加入長蔥的　白色部分

維持小火加入長蔥白色的部分，快速拌炒。

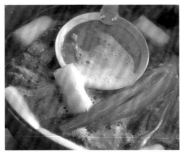

⓫ 撈除浮沫

先嘗嘗看浮沫的味道。肉質不同，浮沫的味道也會有所不同，所以<u>不難吃的話也不需要撈除</u>。

⓮ 以小火燉煮

再次開小火加熱，將咖哩煮至恰到好處的濃稠狀。

成功關鍵

❾ 加入水與長蔥的　綠色部分

轉大火，<u>盡量維持鍋中溫度不要降低，水分3次加入，每一次都要煮滾</u>。放入長蔥綠色部分。

⓬ 蓋上鍋蓋燉煮

蓋上鍋蓋以<u>小火燉煮45分鐘</u>。煮好後撈除長蔥綠色部分。

らぐ
INSPIRE

沿著大街來到小小的名店
飄散著西洋魅惑的香味

加了紅酒的咖哩會更美味
原因就是經過紅酒醃漬而誕生的特殊風味

穿越熱鬧的六本木十字路口，沿著六本木通往下走，就會來到一個靜謐的街區。座落在街區一角的就是「らぐ（RAG）」。老闆姓山本。學生時代在那附近打工的我，偶然看到店前的招牌寫著「咖哩」，就不由自主地走了進去。從那天開始，我就時常到山本先生的店裡報到。

我記得山本先生說過店名「らぐ（RAG）」的由來，這個沒聽過的字其實是從法文「ragout」而來，是燉煮的意思。的確在「らぐ（RAG）」的菜單中有「Rag rice」這道料理。是將燉煮入味的多明格拉斯醬淋在白飯上，美味得讓人無法放下湯匙。另一方面，也能從咖哩中嚐到紅酒的風味。但

是那時我的年紀還不能喝紅酒，所以也沒有跟山本先生確認過。

我覺得將紅酒加進燉煮咖哩的作法已經太氾濫了。但是我不能釋然，因為沒有一個人能夠簡單明瞭地告訴我這麼做的原因為何。光是強調它很道地，是無法說服天生反骨的我。不久我接觸到勃艮第紅酒燉牛肉。那是一道用紅酒醃漬牛肉後燉煮的法國家常料理。從此以後我得知了紅酒能增加咖哩的風味。這是我用自己的方法得到的結論。

也許山本先生吃了這個咖哩之後會說：「這沒有紅酒的味道呢！」

讓牛肉充分吸收紅酒。
想要成功醃漬牛肉
是需要花時間的

當你嚐到紅酒醃漬的牛肉咖哩時，你一定會對它的風味驚為天人。因為它的風味並不只在醬汁中，也充分進到牛肉裡。當你將牛肉放入口中，咬下的瞬間紅酒香就從鼻腔擴散開來。不要忘記香味蔬菜也扮演重要的角色。當紅酒充分作用後，會分離成混濁的部分與水狀的部分。右圖就是醃漬完成的樣子。

紅酒燉牛肉咖哩

牛肉的濃醇慢慢釋放出來的「肉食」咖哩

材　料（4人份）

牛腱肉（或是牛五花）……600g
洋蔥……1顆
紅蘿蔔……1根（150g）
芹菜……1根（50g）
大蒜……1片
咖哩塊……4盤份
橄欖油……2大匙
紅酒……500㎖
水……500㎖
月桂葉（有的話）……1片

作　法

❶ 切牛腱肉

先用廚房紙巾將牛肉表面的水分拭乾，切成稍大的一口大小後放入不鏽鋼盤中。

❷ 將洋蔥與紅蘿蔔切塊

洋蔥與紅蘿蔔去皮後切成2～3cm大的滾刀塊，放入❶的不鏽鋼盤中。

❸ 芹菜切片，壓碎大蒜

將芹菜切片，大蒜去皮後用菜刀刀腹壓碎，兩者皆放入❷的不鏽鋼盤中。

❹ 加入紅酒

在❸的不鏽鋼盤中放入月桂葉，然後倒入紅酒。

成功關鍵

❺ 讓食材醃漬一個晚上

❹的不鏽鋼盤封上保鮮膜，擠掉多餘的空氣，靜置一個晚上。

❻ 取出牛腱肉

用筷子只將牛腱肉從不鏽鋼盤夾出，用濾網瀝乾水分，撒上少許鹽與胡椒（分量外）。

❼ 將蔬菜從紅酒取出

將不鏽鋼盤中❻的蔬菜放入濾網徹底瀝乾水分。大蒜挑出備用。

❿ 以紅酒燉煮

鍋裡加入紅酒以<u>大火煮滾，使酒精揮發。紅酒分2～3次加入，每一次都要煮滾</u>。

⓭ 以小火燉煮90分鐘

蓋上鍋蓋以小火煮90分鐘，還有浮出浮沫的話再撈掉。

❽ 煎牛腱肉

鍋裡倒入橄欖油後開大火，將牛腱肉表面煎至出現焦色。牛腱肉與濾網中❼的月桂葉一起取出備用。

⓫ 撈除浮沫

浮沫出現後，撈起去除。

⓮ 放入咖哩塊混合

關火後待1～2分鐘，放入咖哩塊使其溶化後混合。咖哩塊都溶化後再度開小火煮至咖哩成恰到好處的濃稠狀。

❾ 炒大蒜與蔬菜

在❽的鍋中放入❼的大蒜，以中火炒到香味出來。放入剩下的蔬菜，炒至洋蔥變軟。

⓬ 放入牛肉與月桂葉，加水煮滾

將❽的牛腱肉與月桂葉放回鍋中，加水以大火煮滾。

64年不間斷，備受喜愛的濃縮絞肉乾咖哩

將絞肉水分收乾的烹飪法
竟能醞釀出濃厚的風味

說到絞肉咖哩，大多數人想到的應該是沒有醬汁、有點像肉醬的咖哩吧！「Stock」賣的咖哩不會辜負你的期待。看起來有點像肉燥的咖哩醬滿滿地盛在白飯上。那時的我最喜歡配著紅福神漬（註：日本一種使用7種原料的醃漬物）一起享用了！

一出惠比壽車站很快就可以看到「Stock」的招牌，以及一對老夫妻賣力經營的身影。創立於昭和21年（西元1946年）的「Stock」歷經了漫長歲月，而我與它相遇時已經算是它的晚年了。也因此「Stock」一直維持著相同的品質。這是只有老店才能提供的美味。

乾咖哩的原文「Keema」在印度文中是「絞肉」的意思，而乾咖哩的醬有糊狀的也有乾燥的，但是黏性越強越好吃的原因在於有「收乾」這個步驟。有一段時間我做咖哩時，都會花時間耐心地將咖哩炒乾，讓水分蒸散使味道濃縮。其實我也只是靠著一招半式闖江湖。但是不管怎麼說，這招的確能讓咖哩更美味。

結束營業一段時間後，在「Stock」的鐵門上貼了一張告示，上面寫著：「至今為止有很多快樂與悲傷的回憶……」，我想這是老闆64年來濃縮的回憶精華吧！那些日子一定有著乾咖哩一般凝結而成的滋味。

將水分收乾
是為了
濃縮食材的風味

將鍋蓋打開持續加熱的話，鍋裡的水分就會蒸散。這是為了讓咖哩的風味更濃厚的一道程序。當水分都蒸發後，鍋裡的絞肉就會開始釋出油脂。當絞肉呈現這種狀態時，表示收乾的動作已經完成了。與水分收乾前相比，咖哩的總量減少，但是濃縮後的風味卻更強烈，一道豪華的咖哩就完成了！

濃縮絞肉乾咖哩

將水分完全收乾，
製作出讓人食指大動的乾咖哩吧

材 料（4人份）

牛絞肉……200g
豬絞肉……250g
洋蔥……1顆
青豆……100g
大蒜……1片
生薑……2片
梅干……1個
咖哩粉……2大匙
鹽……½小匙
味噌……1小匙
植物油……2大匙
水……200㎖

作 法

❶ 切洋蔥

將洋蔥去芯剝皮後切碎。

❷ 將大蒜與薑片磨成泥

將大蒜與生薑去皮後磨成泥，加入100㎖的水（分量外）混合成薑蒜汁，可以將水倒在磨泥器上將殘留的薑蒜一起沖下去，不要浪費。

❸ 用菜刀敲打梅干肉

將梅干的籽去除後，用菜刀敲打梅干肉。

❹ 炒洋蔥

鍋中倒入植物油後開大火，放入洋蔥撒上少許鹽（分量外），炒至洋蔥呈淺褐色。

❺ 加入薑蒜汁

維持大火，加入❷的薑蒜汁。接著甩鍋讓內容物均勻混合。

❻ 拌炒食材直到水分完全收乾

維持大火，炒至❺的水分完全收乾，呈現黏稠狀。

❼ 炒豬絞肉

維持大火,將豬絞肉加入鍋中攪拌混合,炒至豬絞肉表面浮出油脂。

❿ 加入梅干肉與味噌

維持中火,加入❸的梅干肉與味噌,與食材均勻混合。

⓬ 加青豆進去煮

維持中火,加入青豆煮15分鐘,不要蓋鍋蓋。

❽ 炒牛絞肉

維持大火,將牛絞肉加入鍋中攪拌混合,炒至牛絞肉表面浮出油脂。

⓫ 加水煮滾

維持中火,加水煮滾。

⓭ 炒至水分完全收乾

維持中火,炒至水分完全收乾。

❾ 加入咖哩粉與鹽

轉中火加入咖哩粉,撒上鹽。邊拌炒邊使咖哩粉融入食材,炒至看不到咖哩粉。

Finish

消失在記憶深處的
夢幻香味咖哩

店名苦澀，但是誘人的香氣不苦澀
生成深厚風味的不敗技巧

那間店突然出現，又突然消失。至少在我的印象中是這樣。「Bitters」座落在日本一級咖哩激戰區，神保町往御茶之水的坡道右手邊。當時我在那附近的公園閒晃，一看到新開的咖哩店立刻就留下了印象。我記得第一次吃的時候就覺得這是我喜歡的味道。但是，具體上來說是什麼味道呢？我卻是想不起來。在我去了幾次之後，那間店就關門了。印象中那間店並沒有開多久。

取名「Bitters」的店，我想他們的咖哩可能有點苦澀吧，沒想到一點苦味也沒有，取而代之的是誘人的香味。就像是煎牛排般，令人食慾大開的香味。那個香味不知為何能讓人感覺到咖哩深厚的風味。讓我思考了一下香味與味覺深處間不可思議的關係。

要讓香味出來的必要調理程序就是加熱。蒸煮炒炸都是加熱的方法，不過「烤」應該是最簡單的。就是這個！只要將咖哩拿去烤就對了。所以我就試著將家裡吃剩的咖哩澆在白飯上，放進烤箱加熱。結果就像是隱藏在咖哩中的深層的香氣一口氣被喚醒一樣。而且就像是重生成別的咖哩一樣。

將咖哩拿去烤真的可以說是很投機取巧的行為。並不是說烤過之後就能捕捉到「Bitters」的影子，但我可以說烤過後的咖哩確實能增添深層的風味。對我來說就像是探尋一個已消失的咖哩幻影的儀式吧！

烤咖哩的目的
是為了讓新生成的香味
取代原本的香味

烤咖哩需要很高的溫度加熱。雖然香料的香味會隨著高溫消失，但是烤過後，咖哩就有了另一種香味。再加上乳酪的香醇與香草的香氣，放入烤箱後就變身成全新的咖哩。請期待隔夜咖哩烤過之後，煥然一新的滋味吧！

隔夜焗烤咖哩

咖哩與白飯拌勻後放入烤箱
加上乳酪與半熟蛋
有畫龍點睛的效果

材 料 （4人份）

雞中翅……12支
馬鈴薯（男爵）……3顆（300g）
洋蔥……1顆
迷迭香……4支
白飯……4盤份
雞蛋……4顆
披薩用乳酪絲……適量
咖哩塊……4盤份
醬油……1大匙
植物油……1大匙
水……500㎖

作 法

❶ 洋蔥切片

將洋蔥去芯剝皮後切成薄片。

❹ 炒洋蔥

鍋裡放入植物油後開大火，炒至洋蔥呈淺褐色。

❷ 切馬鈴薯

馬鈴薯削皮後切成4等分。

❺ 炒雞翅

維持大火放入雞翅，炒至雞翅表面上色。

❸ 雞翅撒上鹽與胡椒

雞翅撒上少許鹽與胡椒（分量外）。

❻ 炒馬鈴薯

維持大火放入馬鈴薯，快速拌炒讓馬鈴薯表面都沾上油。

7 加水煮滾

水分3次加入，開大火**每一次都要煮滾**。【水煮滾的方法☞P97】

10 壓碎馬鈴薯

不要開火，**用拌匙將馬鈴薯往鍋子內側壓碎**。

13 咖哩飯盛入耐熱盤中，放上雞蛋、乳酪與迷迭香

將⑫盛入耐熱盤中。在中間打上蛋，鋪上乳酪絲，放上迷迭香。注意不要將蛋黃弄破，蛋黃上也要確實鋪上乳酪絲。

8 以小火燉煮40分鐘

蓋上鍋蓋以小火燉煮40分鐘。

11 放入咖哩塊後再加熱

沸騰後放入咖哩塊。咖哩塊都溶化後再開小火加熱，咖哩煮至恰到好處的濃稠狀。

14 放入烤箱

將⑬放入250℃預熱後的烤箱中，**烤約10～12分鐘至乳酪融化上色**。

9 雞翅去骨

關火，取出雞翅，將雞翅去骨。肉的部分放回鍋中。

12 放入醬油與白飯

關火，倒入醬油迅速攪拌，再放入白飯接著攪拌。

Finish

風味繁複濃厚的咖哩
美味的關鍵取決於獨家隱藏祕方

能增添風味的食材好像很多種，但要找到正確解答
祕方的選擇與使用方式都很容易弄錯

東京本鄉的東京大學附近是競爭激烈的咖哩戰區。隨便一個狹小的地方，就能享用從咖哩老店、印度餐廳的正宗咖哩到咖啡店的咖哩等等種類豐富多樣的咖哩，其中之一就是「Pitit feu」。「Pitit feu」繼承了孕育出東京歐風咖哩文化的名店、神保町「Bondy」的咖哩製法，是我長期以來能夠放心前往的店。

這個咖哩有著危險的味道。嘗第一口時，就像受到一記重擊般地被咖哩中的鮮味奪去心神，品嘗第二口時，則是有繁複的滋味在腦中迴盪。我才剛因為咖哩的甜味不自覺地浮出笑容，下一秒口中就傳來陣陣微辣的刺激感。而我像是要緩解這種混亂感般將白飯送入口中，卻被融進白飯與白飯間的乳酪給徹底擊敗。

美味的關鍵絕對是取決於獨家隱藏祕方。堅信這點的我，就將各式各樣的食材都加進咖哩看看。這是一個永無止盡的實驗。巧克力的風味有點太強烈，而咖啡的苦味又與咖哩不搭。加醬油或醬料味道也不對。果然「Pitit feu」的甜味是來自水果！蘋果還不錯，加香蕉很難吃。草莓醬不行，而橘皮果醬或桃子罐頭還可以。但是有時水果的香味也會影響到咖哩的風味。

在經歷無數次的實驗之後，我終於有了一些體會。祕方必須要完全隱藏起來。而且要控制在最少的種類及最低的用量之下。這是我的一個重大發現。

運用果醬、奶油、辣椒、大蒜這4種法寶使咖哩更美味

果醬的甜、奶油的濃、辣椒的風味及大蒜的香。這4種佐料的組合不僅讓咖哩美味的要素更均衡，而且不會干擾到咖哩主要的風味，是很萬能的祕方。記住一定要掌握「不能讓人察覺祕方的存在」這項鐵則，過猶不及。如果被吃的人說：「你是不是放了果醬在裡面？」這就不是一個成功的料理，這點一定要銘記在心。

白肉魚椰漿咖哩

使用4種祕方
製成溫和的椰漿咖哩

材料（4人份）

鱈魚（白肉魚）……4片（400g）

洋蔥……1顆

大蒜……2片

辣椒……2根

咖哩粉……2大匙

奶油……30g

橘皮果醬……2小匙

鹽……1小匙

椰奶……300㎖

水……100㎖

百里香（有的話）……1支

小知識

如何選擇適合的果醬

果醬扮演著增添甜味與香味的角色。不同水果製成的果醬，其香味也是天差地遠。柑橘類的果醬能增加香味，比較酸的果醬則是能鎖住風味。越甜的果醬能讓咖哩越好吃。依照自己的喜好搭配適合的果醬吧！

作　法

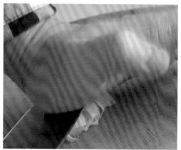

❶ 壓碎大蒜

以刀腹壓碎大蒜去皮。

❷ 洋蔥切片

洋蔥去芯剝皮後切成薄片。

❸ 切鱈魚

鱈魚切成一口大小。

成功關鍵

❹ 以奶油炒香大蒜與辣椒

鍋中放入奶油、大蒜與辣椒，<u>開小火慢慢炒至奶油融化</u>。

❺ 炒洋蔥

轉大火放入洋蔥與少許鹽（分量外），全體邊混合邊炒至洋蔥呈淺褐色。<u>洋蔥吸入奶油後也會看起來呈淺褐色，所以要確實炒至洋蔥的甜味及香味出來</u>。

❻ 放入咖哩粉與鹽

轉小火後放入咖哩粉，撒上鹽。<u>炒至咖哩粉不再呈粉狀，食材入味</u>。

7 加水煮滾

轉大火，加水煮滾。

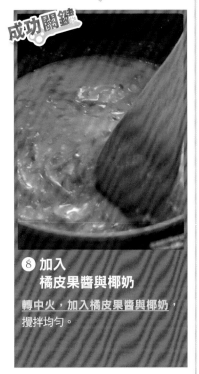

成功關鍵

8 加入 橘皮果醬與椰奶

轉中火，加入橘皮果醬與椰奶，攪拌均勻。

9 放入鱈魚

煮滾後，維持中火放入鱈魚，不需要過於攪拌，慢慢讓魚肉沾上咖哩。

10 以小火煮5分鐘

蓋上鍋蓋，以小火煮5分鐘。

11 放入鹽與百里香 煮3分鐘

撒上少許鹽（分量外）調整口味，維持小火放入百里香，再煮3分鐘。

Finish

鹽為什麼那麼重要?

絕對不能忽視鹽的重要性。製作咖哩時須以鹽為始,以鹽為終。
如果掌控好鹽的用量,可以説已經成功一半了。

決定咖哩成功與否的關鍵,可以說取決於鹽。因為鹽不只可以引出食材的風味,還能帶出香料的魅力。

每次看印度大廚掌廚時我都有一個疑問,那就是將鹽放入鍋中的時機到底是何時?將切碎或切片後的洋蔥放入鍋中,快炒時撒上鹽。炒完洋蔥放入香料粉時也撒上鹽。這到底是怎麼一回事呢?每次看到這幅場景時,我都在找尋解答。但是誰也沒有給我明確的答案。當我自己試著模仿時,我終於體會到其中的差異。

在炒洋蔥時撒上鹽,是為了要達到脫水的效果。去除洋蔥內的水分,就能使洋蔥更快熟。洋蔥出水也會一併將洋蔥的風味帶出來。與香料粉一同加入的鹽,則有引出香味與辣味的作用。在這之前從來沒有人告訴過我,香料的特性竟然是被鹽牽引出來的。

印度大廚熟知鹽的特性,並且能夠巧妙的運用。當咖哩燉煮好,終於完成時先嘗一口味道,如果有需要就在最後撒上鹽調整味道。如此一來便能鎖住咖哩整體的風味。但是千萬不要一而再再而三的試味道。你越試對鹽味的敏銳度會越低,導致下手越來越重。

鹽的種類豐富。從海水取得的海鹽與從鹽礦取得的岩鹽味道都不同。依據產地及加工方式的不同,形狀、鹽味的強度及風味也會有所不同。對於鹽的種類與對咖哩風味的影響,我現在只能說是「喜好的問題」。關於這點也是我今後想要研究的課題。

以鹽變換咖哩的風貌

鹽是決定咖哩風味的隱藏版關鍵。首先要了解鹽主要的種類與特徵。

阿爾卑斯岩鹽
是我很常使用的鹽。不論是鹽的顆粒大小或風味都很棒。找出自己平常慣用的品牌,以自己的標準決定就可以了。

鹽之花
是我最喜歡的鹽之一。是法國布列塔尼生產的鹽,以深厚的風味著名。特徵是結晶粗且輕柔。

紅寶石岩鹽
有各種名稱,也就是所謂的喜馬拉雅岩鹽。印度稱為黑鹽,有著硫磺般特殊而具魅力的香氣。

海藻鹽
有時可以看到海藻在裡面。因為是帶著海潮味的鹽,所以非常適合使用於海鮮咖哩中。

雪鹽
沖繩產的鹽。當使用如雪鹽般顆粒細小的鹽,計量時使用量要比標示的分量少一些,總量才不會過多。

第 **2** 章
充滿異國風情的芳香
香料魔術師們的殿堂

印度咖哩
名店篇

沐浴在印度小宇宙的香料之中

當美麗的橘色浮油出現時就是香料咖哩成功的證據

此刻我好想再吃一次「Orange tree」的雞肉咖哩。如同店名一般，帶骨雞腿肉浮在飽和美麗的橙色咖哩醬上。香辣夠味，光想口水都要流出來了。但不可思議的是，我卻從沒想過要再現「Orange tree」的雞肉咖哩。

「Orange tree」，座落在中目黑的商店街，小巧雅緻，讓人誤以為只是外帶便當店般的樸素簡潔，這樣反而帶著幾分時髦感。一踏進店裡，就可以感受到整間店充滿印度香料凝結成的香味。每當我探訪這間店時，我都感覺到如同沐浴在香料之中，被醉人的香氣所包圍。雖然身在東京，那裡卻是能讓我沉浸在印度氛圍的小宇宙。

時光流逝，我開始每年都會前往印度認真鑽研印度料理。在印度我學習到最多的就是運用香料的基本技巧，該以何種種類、多少分量、什麼時機加入會生成什麼樣的風味。以素材決定香料的使用方式，也能享受各種調整變換的過程。

最近我發現，我最常煮給自己吃的雞肉咖哩，不論外表或滋味幾乎都與「Orange tree」的雞肉咖哩如出一轍。如果我能夠掌握到老闆在印度孟買的飯店所習得的技巧，那就沒有比這更令人開心的事了！

運用香料的技巧就是遵循原則引出個性

要從不容易熟的食材開始煮是烹飪的基本。同理香料也一樣。先從還保留原始形狀的香料開始用油炒，再加入粉狀香料。要保留新鮮香草的香氣，則是要在咖哩完成時再放入。按照這個順序，就是能夠充分活用香料的準則。

帶骨雞腿咖哩

燉煮至入口即化的帶骨雞腿肉
以香料製作出正統印度咖哩

材 料（4人份）

帶骨雞腿肉……500g

洋蔥……1顆

整顆番茄罐頭……200g

大蒜……2片

生薑……2片

孜然……1小匙

香菜……適量

■ 香料粉

　薑黃……½小匙

　卡宴辣椒……1小匙

　芫荽……1大匙

鹽……1小匙

植物油……3大匙

椰奶……200㎖

水……200㎖

小知識

如何選擇番茄罐頭

整顆番茄罐頭有著深厚的滋味。而塊狀番茄罐頭則是清爽的滋味。選購時要注意番茄的種類喔！

作　法

❶ 切洋蔥、大蒜與生薑

洋蔥去芯後剝皮，大蒜與生薑用刀腹拍碎。各切碎（如果是新鮮的生薑可以不用去皮）。

❷ 將香菜切開

將香菜切分成根與莖的部分。

❸ 香菜切碎

將根切碎，莖與葉的部分切段。

❹ 帶骨雞腿肉撒上鹽與胡椒

帶骨雞腿肉撒上少許鹽與胡椒（分量外）。

❺ 孜然炒香

鍋裡倒入植物油後開大火熱鍋，然後放入孜然。孜然開始冒出泡泡的時候注意不要燒焦，慢慢炒至泡泡變少。

❻ 炒大蒜、生薑與香菜根

放入大蒜、生薑與香菜根，注意不要燒焦一邊慢慢轉動鍋子，直到全部呈淺褐色。

❼ 炒洋蔥

維持大火放入洋蔥，放入少許鹽
（分量外）。輕輕地與其他食材攪
拌混合後就先放著加熱。

成功關鍵

❽ 洋蔥炒至
**　深褐色**

洋蔥開始變色後就將火轉小，拌
炒洋蔥，然後暫時放著加熱。重
複上述步驟，將洋蔥炒至深褐色。

❾ 放入番茄罐頭

轉大火，加入番茄罐頭，同時用木
匙搗爛，炒至水分完全蒸散（當木
匙鏟動時，醬料不會流回木匙刮
過的地方就可以了）。

❿ 炒香料粉

放入薑黃、卡宴辣椒、芫荽與鹽拌
炒。

⓫ 煎帶骨雞腿肉

放入帶骨雞腿肉，全部攪拌混合。

⓬ 加水煮滾

轉大火，加水煮滾。【水煮滾的方
法☞P97】

⓭ 倒入椰奶
**　煮滾**

維持大火，倒入椰奶攪拌均勻，煮
滾。

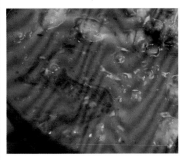

⓮ 以小火燉煮45分鐘

蓋上鍋蓋以小火煮45分鐘（鍋子表
面有浮油就可以了）。放入香菜的
莖與葉混合。

31

Raj palace
INSPIRE

對印度宮廷咖哩的濃郁佩服得五體投地

優格、奶油以及鮮奶油，濃厚咖哩的祕密就在這3個乳製品之中

那時澀谷是印度料理的天堂。自詡為咖哩通的我，當然要將澀谷的印度料理全部吃一遍。結果其中有一間我特別偏愛的店，那就是印度宮廷料理「Raj palace」。Raj palace的位置很好，就在鬧區正中央大樓裡的4樓。外面吵雜熙攘，聚集了許多年輕人與辣妹，可是到了4樓，電梯門一打開，映入眼簾的是一扇厚重的銀色大門，門的後面是舒適沉穩的空間。不過這些都已經是將近20年前的事了。

它的味道在澀谷眾多的印度料理中也算是出類拔萃的。我能如此斷定是因為店裡的印度客人及外國客人占絕大多數。這是我判斷它是否是一家美味印度料理的基準。堅持午餐時段不辦自助餐這點我也很喜歡。這間店獨特脫俗，好像我自己開的店一樣能引以為豪。

如同很多印度料理的愛好者，我也受過Raj palace的奶油雞肉咖哩的洗禮。奶油與鮮奶油的濃醇、香料的刺激與番茄的酸味全都合成一體向我襲來，這道菜如今也是印度料理的人氣第一名吧！品嘗過這麼美味的料理後，我不禁開始深思咖哩美味的奧祕。同時對乳製品優秀的濃醇度感到敬畏。

現在的我，認為使用乳製品做出美味的咖哩根本是一種偷吃步的行為。不過卻也無法抗拒那濃郁的美味。

強烈的濃厚與鮮味。想要美味上菜，就要均衡各種風味

本食譜使用3種乳製品。使用優格醃漬肉品，能使肉質軟嫩，還能將風味鎖在裡面。用奶油炒原形香料可以增強濃郁感。最後加入鮮奶油燉煮，可以呈現高級的滑順口感。因為乳製品濃郁感很強烈，所以不要忘記用酸味或辣味等其他味道來平衡。

奶油雞肉咖哩

以奶油開始
再以鮮奶油作結
人氣NO.1的咖哩

材 料（4人份）

雞腿肉……500g
青椒……2個
奶油……40g
番茄泥……5大匙
鮮奶油……100㎖

■ 原形香料

小豆蔻……5粒
丁香……5粒
肉桂……1根

■ 醃漬醬汁

原味優格……100g
大蒜……1片
生薑……1片
橄欖油……1大匙
番茄醬……1大匙
檸檬……½顆
鹽……½小匙

■ 香料粉

薑黃……¼小匙
卡宴辣椒……1小匙
孜然……2小匙

小知識

如何選擇鮮奶油

鮮奶油是只有萃取乳脂肪為原料所製成的奶油，而有添加物及植物性脂肪的植物性鮮奶油鮮味較少。依乳脂肪含量也有區分成幾個等級，像是標示「36」、「47」等數字，數字越大乳脂肪含量越多，滋味越濃郁。

作 法

❶ 將大蒜與生薑 磨成泥

大蒜剝皮後與生薑一起磨成泥，當作醃製醬汁的材料備用。

❷ 切青椒

青椒去籽及籽囊後切段。

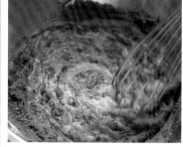

❸ 切雞腿肉

雞腿肉去皮後切成一口大小。

❹ 將醃漬醬汁的材料 與香料粉的材料混合

將醃漬醬汁的材料與香料粉的材料放入碗中充分混合（如果想要強調咖哩的辣味，可以增加卡宴辣椒的量）。

❺ 醃漬雞肉 靜置一個晚上

將雞腿肉放進❹中按摩入味，封上保鮮膜將空氣擠掉。完成後放入冰箱放置一個晚上。

**⑥ 鍋裡放入奶油加熱
加入香料**

鍋中放入奶油以小火加熱，加入香料。

⑨ 倒入醃漬醬汁一起炒

將⑤剩餘的醃漬醬汁倒入，維持中火<u>炒至水分蒸散</u>。

⑫ 加入鮮奶油

加入鮮奶油混合。

成功關鍵

**⑦ 以奶油
炒香香料**

要控制火候不要讓奶油燒焦，炒至小豆蔻裂開。

⑩ 加入番茄泥

維持中火加入番茄泥，<u>炒至水分蒸散</u>。

⑬ 以小火燉煮15分鐘

蓋上鍋蓋，以小火燉煮15分鐘（<u>表面出現浮油就完成了</u>）。

⑧ 炒雞腿肉

轉中火，將⑤的雞腿肉部分放入，<u>炒至表面全部上色</u>。

⑪ 放入青椒

維持中火放入青椒，全部攪拌混合。

Finish

由紀子
INSPIRE

在日本的路邊攤品嘗印度家常料理

咖哩的風味並不是由香料或咖哩粉決定
而是香料使食材的風味跳脫出來

我都是以「由紀小姐」來稱呼由紀子的店。在惠比壽車站的南口附近，有一家到了晚上就會推出來的流動小攤販，店名叫「由紀子」。我記得是在17、18年前收掉的。「由紀子」是一個賣日本酒與關東煮的小攤販，但是招牌菜竟然是印度料理。經營小攤販的阿嬤竟然能將香料利用得淋漓盡致，讓我稍稍吃了一驚。雖然這不過是印度常見的光景，但我是身在惠比壽啊！

由紀小姐每周都會更換不同的咖哩菜單，我很常去光顧。那時我才剛大學畢業，很憧憬夜晚在小攤販聚會的大人們。在寒冷的冬日裡，我都會在對面的便利商店買罐奶茶，由紀小姐會幫我撒入綜合香料，再放進關東煮裡加熱。酒量很差的我都會一手拿著印度奶茶，然後插入大人們的話題中。

不管是誰來店裡都會點上一份咖哩。雞肉咖哩、豬肉咖哩或是印度燉菜。使用當季蔬菜製作咖哩，完完全全是正統印度咖哩的作法。我自己也是從印度料理中學習如何運用蔬菜的風味來製作咖哩。市售的咖哩塊雖然也很好吃，可是卻添加太多會蓋過食材自然風味的元素。所以使用沒有過多調味的香料或咖哩粉比較好。

現在回想起來，那時的我根本還不懂活用食材自然風味的咖哩的美味之處。我應該也多少成為成熟的大人了吧！

使用鹽與咖哩粉最能引出蔬菜的鮮美

不同種類的蔬菜，滋味、形狀或是含水量都不同。所以當要將數種蔬菜放入咖哩時，不能一次全部放進去。要一次放一種，然後觀察烹煮的狀態做調整才能美味呈現。好好觀察蔬菜的狀態很重要。增添香味要使用咖哩粉，引出風味則是靠鹽。這個組合最能使食材充分展現主角風采。

夏季蔬菜咖哩

來做印度燉菜或是普羅旺斯燉菜風的印度蔬菜咖哩

材　料（4人份）

茄子……4根

番茄……小2顆（180g）

櫛瓜……大1根（150g）

紅椒……1個（50g）

青椒……3個（100g）

洋蔥……½顆

大蒜……2片

咖哩粉……1大匙

鹽……1小匙

※ 1小匙是在步驟❼～⓫中
　　分5次加入。

橄欖油……2大匙

法式綜合香草（有的話）……適量

作　法

❶ 洋蔥切片

洋蔥去芯剝皮後切成薄片。

❹ 切茄子與櫛瓜

先將茄子與櫛瓜的蒂切掉，切成7～8mm厚的圓片。前面比較細的部分可以切成1cm左右寬度，使其能夠均勻受熱。

❷ 切大蒜

大蒜去皮後用刀腹拍碎，去芽後切碎。

❺ 切紅椒與青椒

紅椒與青椒去籽與籽囊後切段。

❸ 切番茄

番茄切半後去蒂頭，切成滾刀塊。

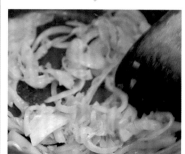

❻ 炒大蒜與洋蔥

鍋裡放入橄欖油後開大火加熱，放入大蒜炒至微微上色。放入洋蔥，撒上少許鹽（分量外），炒至洋蔥變軟呈褐色。

⑦ 炒番茄

轉中火後放入番茄，撒上少許鹽，用木匙翻炒混合整體（<u>炒至番茄稍微變形變軟，水分出來</u>）。

⑩ 煎櫛瓜

用⑨剩下的油煎櫛瓜。撒上少許鹽，以大火煎至櫛瓜兩面上色，移入⑧的鍋中。

⑬ 以小火燉煮40分鐘

蓋上鍋蓋以小火燉煮40分鐘。

⑧ 加入咖哩粉

維持中火，加入咖哩粉，撒上少許鹽。充分拌炒至咖哩粉不再呈粉狀為止。

⑪ 煎茄子

用⑩剩下的油煎茄子。撒上少許鹽，<u>蓋上鍋蓋以中火蒸煮茄子</u>，移入⑧的鍋中。<u>茄子稍微膨脹就是蒸好了</u>。茄子容易吸油，所以油不夠的話可以再添加。

⑭ 放涼至常溫

關火後輕輕攪拌混合，<u>放涼至常溫</u>。

成功關鍵

⑨ 炒紅椒與青椒

平底鍋中倒入略多的橄欖油（分量外），開中火加熱，放入紅椒與青椒，<u>撒上少許鹽後快炒</u>，移入⑧的鍋中（不要將油一起加入。以下至步驟⑪同此作法）。

⑫ 加入法式綜合香草

加入法式綜合香草混合。

Finish

突然出現在居酒屋的
白咖哩震撼

在充分了解香料的特性之後活用於料理中
即可控制成品呈現出的樣子

白色的咖哩令人驚豔。更準確的說，明明是白色的，嚐起來卻有咖哩的滋味，這點很令人震驚吧？位於神保町的「櫓」雖然是家居酒屋，卻因孟加拉主廚所做的白咖哩為而蔚為話題。外觀看似白色燉菜，卻是咖哩的味道，嘗過白咖哩的人應該都有被施了魔法般的心情吧？

當我得知「櫓」的白咖哩時，我自己已經會做白咖哩了，所以不覺得有什麼稀奇的。反而是印度綠菠菜（Saag）咖哩讓我很驚豔。咖哩呈現漂亮的綠色，我是學生時代在印度餐廳「Maharaja」打工時吃到的。就像鉻綠色水彩溶在水中一樣顏色的咖哩醬。我很懷疑這真的是咖哩嗎!?將綠咖哩送入口中的瞬間，有種風起雲湧的感覺。

而我了解咖哩的風味與顏色之間的關係，則是很久之後的事了。我現在仍然很重視以我自己的方式體悟到的法則。這個法則我也很常在書中或烹飪教室與大家分享，那就是「香料粉會使食材上色，原形香料則不會」。雖然很單純，但是理解了這條法則，就可以自由控制咖哩成品的顏色。

先有目標藍圖，進而開發食譜，製作出咖哩。這個過程令我不亦樂乎。美麗的咖哩很美味。美味的咖哩也很美麗。

理 解 活 用
原 形 香 料 與 香 料 粉
非 常 重 要

原形香料的特色是雖然不會使咖哩醬上色，卻還是能增添香辛味這點。雖然不會直接感受到強烈的香氣，但花時間下去熬煮，就能產生沉穩持久的香氣。先用油下去炒香，再加水燉煮更容易使香味出來。在不同時間點感受不同的香氣變化吧！

鮮蝦白咖哩

使用原形香料來展現
鮮豔色彩與繁複滋味的華麗演出

材　料（4人份）

鮮蝦……12隻
洋蔥……½顆
大蒜……1片
生薑……1片
檸檬……½顆
韭菜……適量
■原形香料
　紅辣椒……3根
　小豆蔻……7粒
　丁香……7粒
　肉桂……1根
　孜然……½小匙
　鹽……1小匙
鮮奶油……200㎖
橄欖油……3大匙
水……200㎖

作　法

❶ 切大蒜與生薑

大蒜剝皮後去芽。將大蒜與生薑切碎。

❷ 切洋蔥

洋蔥去芯剝皮後切成薄片。

❸ 切韭菜

韭菜切成3cm段。

❹ 剝蝦殼

將蝦子尾部留下，殼剝掉，從背部切一刀去除腸泥。

成功關鍵

❺ 香料加熱

鍋中放入橄欖油後開中火加熱，將原形香料依紅辣椒、小豆蔻、丁香、肉桂、孜然的順序放入。肉桂分成兩半，不要去除紅辣椒籽。

成功關鍵

❻ 孜然炒上色

炒至孜然上色。注意不要焦掉了。

❼ 炒大蒜與生薑

維持中火，加入❶，炒上色。

❿ 加水煮滾

維持大火加水煮滾。

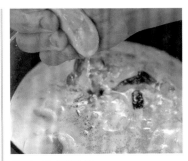

**⓬ 加入檸檬汁
以小火煮10分鐘**

擠檸檬汁進去，蓋上鍋蓋以小火燉
煮10分鐘。

❽ 炒洋蔥

放入洋蔥，轉大火撒上鹽，炒至洋
蔥變軟。炒熟後用木匙攪拌。注意
不要燒焦。

⓫ 加入鮮奶油

加入鮮奶油快煮一下。

**⓭ 放入韭菜混合
以中火煮5分鐘**

最後放入韭菜混合增添風味，以
中火煮5分鐘。

❾ 炒鮮蝦

維持大火放入鮮蝦，炒至蝦子捲
起，表面全部上色。

Finish

獻給客人們的
日印融合咖哩

取自印度咖哩
與日本咖哩精華的獨門祕技

我向來對日本主廚經營的印度餐廳很感興趣。畢竟土生土長的日本人會開一間印度餐廳，這之中必定會產生某些創新的化學作用吧，而且一定是充滿對印度料理的熱情。這樣的日本主廚做出來的印度菜充滿了他對料理的熱愛，開在葉山沿海的「木もれ陽亭」也是這樣的一間店。

川邊主廚以他在新宿的印度餐廳「孟買」實習的經驗，開了自己的店。在「孟買」實習期間，印度主廚非常的嚴格，常常會有肉串的竹籤飛過來。牆壁上也留下許多竹籤刺過的洞。

「木もれ陽亭」的咖哩吃起來意外的順口。一般來說印度料理都會有一種辛辣的刺激感，可是「木もれ陽亭」的咖哩最後殘留在口中的是一種圓潤的和諧感。川邊主廚有將其中的祕密告訴我，他說：「其實呢，我都會在最後加一點點的市售咖哩塊。」雖然沒有問他是全部都這樣嗎，或是哪道料理是這麼做的，但我已經有了豁然開朗的感覺。日印料理的融合竟可以以這樣的方式呈現。據說川邊主廚下了些功夫讓葉山的客人們可以容易接受印度料理。

川邊主廚應該是做好了會被講究道地的人嗤之以鼻的覺悟。儘管如此，面對飛射過來的竹籤也能完美閃躲，不放棄挑戰嶄新的印度料理世界。我想這就是貫徹信念的「主廚魂」吧！

香料有著強烈個性
咖哩塊則是能平衡風味
各自扮演不同角色

咖哩塊是鮮味的寶庫，而香料卻沒有調味的功用。要確實掌握這之間的不同很重要。加咖哩塊之前先嘗一下味道，咖哩塊溶解攪拌之後再嘗一次味道，以確認前後的差別。咖哩塊的鮮味非常強烈，只要少量就會影響整體的味道。適量添加咖哩塊是整合理想風味的祕訣。

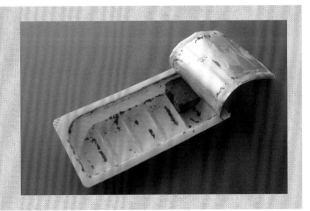

綠菠菜
雞肉咖哩

以咖哩粉製作的咖哩
加入獨門祕方的咖哩塊

材　料（4人份）

雞腿肉……350g
紫洋蔥……1顆（80g）
大蒜……2片
生薑……1片
■ 菠菜醬
　菠菜……2束（250g）
　蒔蘿……3支
└甜羅勒……5片
番茄泥……2大匙
紅辣椒……2根
咖哩粉……1大匙
咖哩塊……½盤份
植物油……2大匙
鹽……1小匙
水……200ml

作　法

❶ 切大蒜、生薑
　與紫洋蔥

將大蒜、生薑與紫洋蔥粗略切碎。

❷ 切雞腿肉

雞腿肉切成一口大小，撒上少許鹽
與胡椒（分量外）。

❸ 汆燙波菜

將菠菜根部切掉，切成大段放入鹽
水汆燙（鹽分量外），將水濾掉
（汆燙時先從莖部放入，葉片的
部分放上面）。

❹ 菠菜打成泥狀

❸稍微放涼後，與蒔蘿及甜羅勒一
起放入食物調理機攪拌，打成稍
微留點口感的泥狀。

成功關鍵

❺ 炒紅辣椒

鍋裡放入植物油，開大火加熱，放
入紅辣椒炒至變黑色（充分炒過
能將香味逼出來）。

❻ 放入大蒜與生薑

維持大火，放入大蒜與生薑，炒至
上色。

❼ 放入紫洋蔥

維持大火放入紫洋蔥，撒上少許鹽（分量外），<u>炒至洋蔥變褐色</u>。

❿ 放入雞腿肉

轉大火放入雞腿肉，煎至表面全部上色。

成功關鍵

⓬ 放入咖哩塊溶解混合

關火，<u>放入咖哩塊溶解混合</u>，再開小火加熱快煮。【咖哩塊的溶解方式☞P97】

❽ 加入番茄泥

轉中火加入番茄泥，充分炒至水分蒸散。

⓫ 加水燉煮

維持大火加水煮滾，蓋上鍋蓋以小火燉煮15分鐘。

⓭ 加入菠菜泥

<u>加入❹的菠菜泥</u>，蓋上鍋蓋以小火煮5分鐘。

❾ 加入咖哩粉與鹽

轉小火加入咖哩粉與鹽，拌炒均勻。

Finish

洋蔥要炒到什麼程度才可以呢？

炒洋蔥是咖哩料理人永遠的課題。
作法有無數種，正解也不只一種。這也是魅力所在。

洋蔥要炒至焦糖色。這句話應該是所有想做美味咖哩的人的目標。有些咖哩名店主廚認為：「炒洋蔥的成功與否，影響了咖哩的八成風味」。但我卻不認同。炒洋蔥這件事，並沒有大家所想的那麼特別。對於咖哩的炒洋蔥其實有很多誤解。

有人說應該站在爐火前用小火長時間慢慢地、細心地炒。但這不過只是眾多作法當中的其中一個形式而已。你有看過印度主廚是怎麼炒洋蔥的嗎？他們大多是將隨意切過的洋蔥丟進熱過的油裡，然後大火快炒罷了。

所以說，不論如何都必須將洋蔥炒至深褐色，這只是迷信而已。洋蔥炒的程度應該是要配合不同的咖哩而做調整才是。我從來就沒有看過印度主廚將洋蔥炒至融化的焦糖狀。重點是要了解加熱到什麼程度，洋蔥的風味與狀態會如何改變。以及可以充分掌控及應用在自己想做的咖哩上面。

炒是為了將洋蔥的水分炒散，讓風味鎖在裡面。基本上炒洋蔥也不會改變洋蔥的甜度。只是經過炒的步驟，使生洋蔥特有的酸味與辛辣味減少，甜味就會更突出，同時也會使香味出來。越加熱這種傾向就會越強烈。所以只要依照自己需要的甜味與香味來決定加熱的程度就可以了。

洋蔥在生的狀態時含有100％的水分，隨著加熱時間增長會慢慢蒸散，洋蔥會逐漸變軟也更容易熟。所以記住一開始用大火炒，之後火要慢慢轉小。仔細觀察洋蔥改變的狀態吧！

邊加水邊炒洋蔥

在此介紹邊加水邊炒的小撇步。觀察香味與顏色的變化很重要。

| 0秒 ① | 水 4分30秒 ② | 7分30秒 ③ | 水 8分 ④ | 10分 ⑤ | 水 10分30秒 ⑥ | 水 12分 ⑦ | 濃 |

材料(4人份)
洋蔥……1顆
植物油……2大匙
鹽……少許
水……200㎖（50㎖×4次）

作法
①洋蔥切丁。切丁比切片更容易使風味變濃厚。鍋裡倒入植物油開大火加熱，放入洋蔥炒4分鐘。加入50㎖的水混合，等30秒讓水分蒸散。②以大火炒3分鐘。③要知道有沒有燒焦要以香味判斷，不要以顏色判斷。加入50㎖的水混合，等30秒讓水分蒸散。④以大火炒2分鐘。⑤等加入的水分蒸散。甩動鍋子及攪拌使全體均勻受熱。加入50㎖的水混合，等30秒讓水分蒸散。⑥以大火炒1分鐘。⑦加入50㎖的水混合，等30秒讓水分蒸散。

第**3**章
持續擄獲廣大粉絲們的
經典名作

典範咖哩
名店篇

焦糖洋蔥雞肉咖哩

麥竹林
INSPIRE

外表像是居酒屋的店
卻有超下飯咖哩

從炒洋蔥溶解出的醬汁中
看到撼動日本人味覺的精華

位於代代木八幡的「変竹林」，店如其名，是一間奇妙的店。外觀是日式居酒屋。一進店裡就可以聞到辛香料的香氣。打開菜單一看，蔬菜咖哩叫做「八百屋子（八百屋就是日本的蔬菜店）」，雞肉咖哩則是叫做「咕咕雞」，很幽默的菜名。送上來的咖哩裝在大碗中，還附上一碗和風的湯。

對味道不抱期待的我，將咖哩送往口中，竟然有著驚為天人的美味。印度風的爽口加上辛辣的滋味，讓人忍不住白飯一口接一口。15年前來店裡採訪時，老闆曾說過他有在印度餐廳實習的經驗，如果我記的沒錯的話，應該是參考了咖哩老店「德里」的作法。

總之，這個味道的基底一定是徹底炒過的洋蔥才有的味道。炒洋蔥的學問對於咖哩愛好者而言是永遠的課題。現在不管是洋蔥的切法還是火候的掌握我都已經會各種作法，可以依咖哩的種類自由掌控洋蔥的狀態；不過當年的我為了做出焦糖化洋蔥，可是拚了命地在爐火前奮戰呢！

持續加熱下的洋蔥會漸漸散失水分，開始變形變軟，接著顏色會慢慢加深。加水下去燉煮後，洋蔥就會溶化，消失得無影無蹤。當洋蔥消失後，就會留下鮮甜味與香味在醬汁中。這個不可思議的過程讓我非常著迷。日日夜夜不斷重複炒洋蔥的日子已經化作養分，滋養我成為現在的我。

隨 著 加 熱
釋 出 香 味
正 是 洋 蔥 的 神 奇 之 處

洋蔥即使加熱，甜度也不會增加。只是因為酸味跟辛辣味等其他要素消失，才會有洋蔥變甜的錯覺。也就是說，炒洋蔥是留住甜味、增添香味的行為。想要成功炒洋蔥，火候跟攪拌的動作都很重要。要觀察洋蔥的狀態，從大火至小火調整火候，別忘了要攪動木匙。

焦糖洋蔥
雞肉咖哩

**仔細將洋蔥炒至
焦糖色的芳醇咖哩**

材　料（4人份）

雞腿肉……400g

洋蔥……2顆

整顆番茄罐頭……200g

大蒜……2片

生薑……2片

咖哩粉……2大匙

鹽……½小匙

醬油……1大匙

蜂蜜……1大匙

植物油……3大匙

水……400㎖

作　法

❶ 切洋蔥

洋蔥去芯剝皮後切碎。

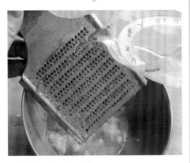

❷ 大蒜與薑片
　　磨成泥

將大蒜與生薑去皮後磨成泥，加入
100㎖的水（分量外）混合成薑
蒜汁（參照p16）。

❸ 切雞腿肉

雞腿肉切成一口大小，撒上少許鹽
與胡椒（分量外）。

成功關鍵

❹ 以大火炒洋蔥

鍋裡倒入植物油後開大火加熱，
放入洋蔥炒至褐色。大約是10分
鐘。要注意拌勻不要讓接觸鍋底
與側面的洋蔥焦掉。

成功關鍵

❺ 以中火炒洋蔥

轉中火，將洋蔥炒至深褐色。大
約是10分鐘。這個時候會很容易
燒焦，所以要注意頻繁地翻炒，
不要焦掉。

成功關鍵

❻ 以小火炒洋蔥

轉小火，將洋蔥炒至黑褐色。大
約是10分鐘。注意不要讓接觸鍋
底與側面的洋蔥焦掉。

7 倒入薑蒜汁

將②的薑蒜汁倒入鍋中，<u>轉大火，全體拌勻，炒至水分完全蒸散</u>。

10 煎雞腿肉

取另一個平底鍋放入少量植物油（分量外），開中火加熱，<u>放入雞腿肉煎至表面全部上色。放入⑨的鍋中，拌炒讓食材入味</u>。

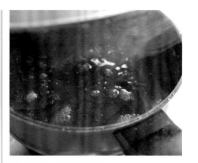

13 蓋上鍋蓋燉煮

蓋上鍋蓋以小火煮30分鐘。

8 放入整顆番茄罐頭

轉大火，加入番茄罐頭，用木匙搗爛，炒至水分完全蒸散（<u>當木匙鏟動時，醬料不會流回木匙刮過的地方就可以了</u>）。

11 加水煮滾

水分3次加入，開大火<u>每一次都要煮滾</u>。【<u>水煮滾的方法</u>☞P97】

14 在常溫下放置

關火然後靜置20分鐘。<u>表面出現浮油就完成了</u>。試一下味道，不夠鹹的話再加入適量的鹽。

9 加入咖哩粉與鹽

轉小火後加入咖哩粉，撒上鹽。攪拌至咖哩不再呈粉狀，拌炒使食材入味。

12 加入醬油與蜂蜜

加入醬油與蜂蜜拌勻。

Finish

洋食風雞肉咖哩

蔦咖哩
INSPIRE

陸續出現狂熱者
攀附著「蔦」的咖哩店

高湯的鮮味就像是咖哩的刺客
進了胃裡才會發揮威力

因為店的外牆攀附著蔦（地錦），大家都稱它為蔦咖哩。不知為何沒人知道它的正式名稱是什麼。因為是人氣老店，就算沒有店名也已經名聲遠播。店門口放了一個不太顯眼的「印度風味咖哩飯」看板，也許這就是店名吧！

以復古綠色花紋的淺盤子盛裝白飯與咖哩。咖哩湯汁內有雞肉、洋蔥、紅蘿蔔與馬鈴薯等很能代表日本咖哩的食材。記得還要配黃色的福神漬（日本一種使用7個原料的醃漬物）一起吃。我自己周圍也出現很多對蔦咖哩欲罷不能的人。也不是說它有什麼出類拔萃的風味，比較像是被一種未知的味道給翻弄般，不可思議的感覺。

我最近和一位咖哩店的社長認真地討論起「蔦咖哩」的神祕滋味到底是什麼。連咖哩店的社長都很感興趣。我們的結論是，那神祕的滋味並不是來自味精。這個乍看不怎麼樣、湯湯水水的咖哩醬，如果說真的藏有什麼祕密的話，我認為一定是來自高湯的鮮味。

我並不是那種全盤否定化學調味料的人，只是我自己不使用化學調味料而已。因為我實在是很熱愛熬煮法式高湯。能充分展現高湯令人感動的鮮甜滋味，正是日本咖哩特有的魅力所在。

以水與鹽
引出雞肋與調味蔬菜的
鮮甜味

自己做的法式清湯兼具清爽洗鍊的風味與觸動人心的鮮味。美味高湯的祕訣就是要頻繁的撈去浮沫，以及以小火輕柔地燉煮。還有一點，就是要花長時間燉煮。大量的水與少量的鹽就可以提煉出不可思議的豐富滋味。從鍋裡散發出調味蔬菜的香甜味更是烹飪的一大享受。

洋食風
雞肉咖哩

**以法式雞高湯的鮮味
做出後勁強勁的咖哩**

材 料（4人份）

雞腿肉……300g

洋蔥……1顆

橘椒……2個（200g）

奶油……30g

咖哩粉……2大匙

麵粉……1大匙

法式雞高湯……400ml

【法式雞高湯的作法☞P70】

番茄醬……2大匙

白酒……100ml

植物油……1大匙

作 法

❶ 切洋蔥

洋蔥去芯剝皮後，切成半圓形厚片。<u>不要黏在一起炒，可以先一片一片剝開再炒。</u>

❷ 切橘椒

橘椒去籽與籽囊後切成滾刀塊。

❸ 切雞腿肉

雞腿肉切成一口大小，撒上少許鹽與胡椒（分量外）。

❹ 奶油加熱融化

奶油放入鍋中，開小火加熱融化。

❺ 放入麵粉炒

麵粉用麵粉篩篩過後分次加入，<u>以小火炒至微微上色。</u>

成功關鍵

❻ 製作咖哩醬

維持小火加入咖哩粉，炒5分鐘。<u>關火，以餘熱保溫至有明顯的香味出來。</u>

小知識

用硬水熬法式高湯

硬水比軟水更適合拿來作法式高湯。硬水中含有的大量礦物質可以消除肉的腥臭味，熬出鮮美的高湯。在歐洲用硬水是很普遍的。礦泉水品牌 Contrex 跟 evian 都是硬水，Volvic 則是軟水。

⑦ 蒸炒
　洋蔥與彩椒

取另一個鍋子倒入植物油後以中火加熱，放入洋蔥與橘椒，撒上少許鹽（分量外）。用熱油快炒一下後，蓋上鍋蓋蒸5分鐘。

⑧ 打開鍋蓋以大火炒

打開鍋蓋，邊混合邊以大火拌炒至全體表面上色。

⑨ 炒雞腿肉

維持大火，放入雞腿肉。炒至表面全體上色。<u>一邊攪拌邊使雞腿肉接觸到鍋底，比較快熟。</u>

⑩ 放入白酒

維持大火，放入白酒，稍微等待一下。<u>充分拌炒至白酒加熱酒精揮發。</u>

成功關鍵

⑪ 加入法式雞高湯
<u>維持大火，將法式雞高湯分2次倒入，煮滾。</u>煮滾的方法與煮水一樣。【水煮滾的方法☞P97】

⑬ 以小火燉煮20分鐘

蓋上鍋蓋以小火燉煮20分鐘。注意<u>不要使咖哩醬的麵粉燒焦，要不時打開鍋蓋攪拌。</u>

⑭ 放鹽調味

放鹽（分量外）調整鹹淡。

⑫ 放入番茄醬
　與咖哩醬

維持大火，放入番茄醬與❻的咖哩醬，攪拌使其溶化。

大澤食堂
INSPIRE

由格鬥家所製作的
毫不留情極辣咖哩

「辣咖哩就是美味」這是永久不滅的定律
辣椒的魅力不只是辣而已

我高中時代最喜歡辣咖哩了。在我家附近有一間客人熙來攘往的咖哩店，好友們都會起鬨看我吃極辣咖哩，這是每次都會上演的戲碼。但是我離家到東京後的某一天，也像往常一樣點了極辣咖哩，卻辣到吃不完。那時我實在是覺得很屈辱。也很擔心是不是自己的身體機能變弱了呢？

在完全喪失自信之後，我發現了巢鴨的「大澤食堂」。濃稠的咖哩醬並沒有什麼特別之處，是很基本的口味。除了可以要求製作極辣咖哩這點外。曾經是格鬥家的老闆大澤先生，像是要將強敵逼到角落般的辣度將客人們一一擊倒。實在是沒有自信能一個人吃完，和友人一同前往之

後，小心翼翼地將咖哩放入口中後，我直到現在都還很懊惱自己怎會如此大意。

我是在那之後的十餘年，才知道辣味並不是味覺中的一種。基本的4種味覺是鹹味、甜味、苦味與酸味。再加上鮮味（Umami）。舌頭上的味蕾能夠感知的味覺就是這5種。而辣味並不是味覺的一種，而是痛覺。辣味因為有刺激性，所以比較接近痛覺。而且習慣辣味之後就更能忍受辣，人類對於辣的忍受力實在是深不可測。

再辣一點！再辣一點！再辣一點……。人對於刺激的追求會越來越強烈。大澤先生也必須提高等級以應付眾多前來挑戰的客人們吧！

辣椒的辣味
與香味
缺一不可

說到辣椒，可能大家都是先想到它的辣。可是咖哩放辣椒的原因，有一半是為了辣椒的香味。一開始將辣椒放入熱油裡加熱，就是為了要抽出辣椒的香味。如果不想要太辣，但是想要有辣椒的香味，那就先將外殼切開，除去裡面的辣椒籽。如此一來就能緩和一些辣度。總而言之，辣椒的辣味與香味都能提升咖哩的風味。

辣椒咖哩

勁辣的
和風咖哩

材　料 (4人份)

豬五花（火鍋肉片）……120g

香菇……4朵（80g）

舞菇……1盒（150g）

洋蔥……大1顆（300g）

長蔥……¼根（50g）

紅辣椒……4根

大蒜……1片

生薑……1片

咖哩塊（辛口）……3盤份

醬油……1大匙

太白粉水……2大匙

麻油……2大匙

水……400㎖

作　法

**❶ 切大蒜、生薑
　與長蔥**

大蒜剝皮去芽。個別切成碎丁。

**❹ 香菇切片，
　舞菇分成小朵**

香菇切成厚片，香菇梗切成薄片。舞菇分成小朵。

**❷ 洋蔥切成
　厚片**

洋蔥去芯剝皮後切成1～1.5cm的厚片。<u>不要黏在一起炒，可以先一片一片剝開再炒。</u>

成功關鍵

❺ 炒紅辣椒

麻油倒入鍋中後開中火加熱，<u>紅辣椒切半，炒至辣椒與辣椒籽變黑。</u>

❸ 切豬五花

豬五花切5cm寬，撒上少許鹽與胡椒（分量外）。

**❻ 炒大蒜
　與生薑**

維持中火放入大蒜與生薑，快速拌炒。

❼ 炒長蔥

維持中火放入長蔥，<u>混合拌炒至全部上色</u>。

❿ 炒豬五花、香菇與舞菇

維持大火，放入豬五花、❹的香菇與舞菇，蓋上鍋蓋蒸3分鐘。<u>將豬五花鋪平在鍋中</u>。接著炒至全體表面上色。

⓭ 溶化攪拌咖哩塊

關火後靜置1～2分鐘，放入咖哩塊攪拌溶化。

❽ 蒸洋蔥

維持中火放入洋蔥，撒上少許鹽（分量外），<u>蓋上鍋蓋蒸2分鐘</u>。

⓫ 加水煮滾

維持大火，<u>水分2次加入，煮滾</u>。【水煮滾的方法☞P97】

⓮ 放入太白粉水增加濃稠度

再開小火加熱，<u>放入太白粉水煮至勾芡出來</u>。

❾ 洋蔥炒軟

打開鍋蓋開大火，充分拌炒至洋蔥變軟。

⓬ 倒入醬油燉煮

轉小火倒入醬油，蓋上鍋蓋燉煮15分鐘。

玻璃珠遊戲
INSPIRE

歷經20年
不斷補充原料的不變滋味

補充原料的咖哩醬作法與隔夜咖哩一樣
有使風味更圓潤的效果

德國文學家赫曼赫塞寫的一本小說叫做《玻璃珠遊戲》。我沒有讀過，可是我以前很常去吃一家位於國立的同名咖哩店的特製雞肉咖哩。店長堀內先生好像不喜歡特定香料很突出的味道，所以整體咖哩都是平衡穩重的的感覺。我在採訪時問了有關咖哩的製作方法後就能理解了。沒想到竟然是20年來使用同一鍋咖哩醬，不斷持續補充原料而成。堀內店長緩緩笑著說：「這可不是蒲燒鰻魚的醬汁喔！」

像這樣補充咖哩原料的作法到底會產生什麼樣的效果呢？我不可能花20年來做實驗，不過大概可以猜想一下，我想應該是咖哩的味道會變得很圓潤吧！沒錯，就跟隔夜咖哩的效果是一樣

的。那麼，為什麼隔夜咖哩會變得更好吃呢？雖然大家都認同隔夜咖哩比較好吃，卻沒有人能解釋其中的緣故。在咖哩的世界中，還有很多不可解的謎題。

我的見解是，咖哩經過一個晚上漸漸冷卻的過程中，食材更入味，尖銳的味道也變得圓潤，風味變得更有深度。說起來關東煮或是馬鈴薯燉肉也是放隔夜會變得更美味呢！根據這樣的特性我想到了一個技巧。不需要真的放置一個晚上，只要放涼過應該就可以了。做好後先不要吃，而是放2個小時左右。這樣應該也跟放一整晚有一樣的效果。等待的這段時間就先來讀一下《玻璃珠遊戲》吧！

想要在短時間內達到放隔夜的效果就要透過急速冷卻

隔夜咖哩會比較美味，那是因為大多時候我們會將冷掉的咖哩重新加熱，而經過加熱燉煮的過程，相對來說醬汁會比之前還要濃郁。所以嚴格來說，並不是將咖哩放一晚或是放涼後得到的效果。不須花一整晚的時間，只要將咖哩在常溫下放1、2個小時也一樣會有增加濃度的效果。

鷹嘴豆咖哩
做出彷如隔夜咖哩般
味道深厚的咖哩

材 料（4人份）

洋蔥……1顆
馬鈴薯……2顆（300g）
番茄……小2顆（180g）
鷹嘴豆（水煮）
　……1罐（固形量250g）
大蒜……1片
生薑……1片
香菜……適量
咖哩塊……3盤份
植物油……2大匙
水……300㎖

作　法

❶ 切大蒜與生薑
大蒜剝皮後用刀腹壓碎。各切碎。

❷ 切洋蔥與馬鈴薯
洋蔥去芯剝皮，馬鈴薯削皮。各切成2cm的塊狀。

❸ 切番茄
番茄去蒂後切成滾刀塊。

❹ 切香菜
香菜切小段。

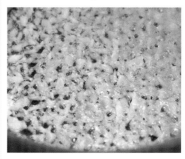

❺ 炒大蒜與生薑
鍋裡倒入植物油後以大火加熱，<u>放入大蒜與生薑</u>拌炒。

❻ 炒洋蔥
放入洋蔥，<u>撒上鹽（分量外）</u>，蓋上鍋蓋以稍大的中火蒸煮3分鐘，打開鍋蓋以大火炒至表面呈深褐色。

❼ 炒馬鈴薯

維持大火，放入馬鈴薯，炒至全體都沾上油。

❿ 加水煮滾

水分2次加入煮滾，蓋上鍋蓋以小火燉煮20分鐘。【水煮滾的方法☞P97】

成功關鍵

⓭ 將鍋子冷卻

關火，將鍋子放入裝冰水的大鍋中使鍋子冷卻。如此一來就能讓不容易入味的鷹嘴豆像放置一晚般地入味。

❽ 放入番茄

維持大火，放入番茄，拌炒至番茄變軟變形。

⓫ 溶化攪拌咖哩塊

關火後放入咖哩塊攪拌溶化。再次開小火加熱，撒上鹽（分量外）調整鹹淡。【咖哩塊的溶解方式☞P97】

⓮ 再度加熱

再次開小火加熱。

❾ 放入鷹嘴豆

放入鷹嘴豆快炒一下。

⓬ 放入香菜

放入香菜混合一下，煮至咖哩變濃稠。

Finish

推廣泰國咖哩文化的先驅店

使用新鮮香料製作醬汁
顛覆對香料的原有概念

坦白說我對於泰式咖哩還是有點遲疑，我沒有湧現要去認真地去涉略這個領域的想法，也許是因為我還沒有了解到它真正的美味。我對於泰式咖哩的印象就是醬汁的魅力、魚露的威力及椰奶的威力。雖然綜合來說很容易可以想像出這個組合能做出美味的咖哩，可是卻沒有激發我的探求慾。

雖然是這樣說，我還是有過自己專研泰式咖哩醬的時期。因為市售的泰式咖哩醬對我來說實在是太辣了。所以我才會想自己做泰式咖哩醬。在我到處嘗試泰式料理時，我遇見了有樂町的「清邁」。我之前就得知「清邁」是日本第一家泰式料理餐廳，所以懷著敬意前往。綠咖哩的風味很豐富，讓我了解到使用現成品的醬汁是無法產生這樣的香氣的。沒錯，這就是我想做的咖哩醬。

確認好我想要的味道後，我將各式各樣的新鮮香料放進食物調理機。我以花枝塩辛（發酵的鹽漬花枝）或酒盜（以魚的內臟做成的發酵鹽漬品）取代泰式蝦醬。無論加什麼都使得醬汁變美味。比起乾燥的香料，新鮮香料製成的醬汁香味更特別，能充分品嘗新鮮素材美味之處的奢侈醬汁。讓我非常滿足。泰式咖哩的世界一定非常深奧，還有很多要學的呢！

選擇香料
製作醬汁
然後徹底炒香

自製的泰式咖哩醬會比市售的現成咖哩醬好吃好幾倍。可能的話在賣泰國食材的店選用跟當地一樣的食材比較好。在這裡介紹沒有道地食材也可以製作的替代食譜。目標是要藉香料磨碎製成的醬汁增加新鮮的香氣。注意炒過頭會減少香氣與色澤。

泰式綠咖哩

品嘗自製咖哩醬的
新鮮風味

材 料（4人份）

雞腿肉……200g
櫛瓜……2根
獅子辣椒……8根
甜羅勒……5片
魚露……1～2大匙
椰奶……400㎖
橄欖油……2大匙
水……100㎖

■ 咖哩醬

綠辣椒……10根
紫洋蔥……½顆（40g）
大蒜……2片
生薑……1片
香菜……1株
甜羅勒……10片
孜然粉……¼小匙
芫荽粉……½小匙
花枝鹽辛……1大匙
砂糖……2小匙

作　法

❶ 切雞腿肉

雞腿肉切成一口大小，撒上少許胡
椒鹽（分量外）。

❷ 切獅子辣椒

獅子辣椒去蒂，斜切半。

❸ 切櫛瓜

櫛瓜切成5cm長的小段。

成功關鍵

❹ 製作咖哩醬

將製作咖哩醬的蔬菜各切塊，和
剩下的材料一同放入食物調理機
中，加入少量的水（分量外），
打成咖哩醬。【咖哩醬製作方法
☞P104】

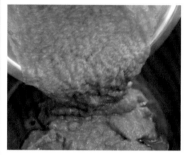

❺ 炒咖哩醬

鍋裡放入橄欖油後開中火加熱，將❹
的咖哩醬倒入鍋中，炒至水分蒸散
呈黏稠狀，移至別的容器。

❻ 煎雞腿肉

取另一個鍋子放入少量橄欖油（分
量外），將雞腿肉帶皮面朝下放入
鍋中，以大火煎至雞皮呈金黃
色。

❼ 雞腿肉翻面煎

將雞腿肉翻面，轉中火煎至金黃色，將雞腿肉取出，雞腿的油脂留在鍋內。

❿ 放入咖哩醬

維持大火，加水煮滾，放入4大匙❺的咖哩醬使其溶化。

⓬ 加入魚露

轉小火，倒入半量的魚露，蓋上鍋蓋燉煮10分鐘。

❽ 蒸煮櫛瓜

將櫛瓜放入❼的鍋中，撒上少許鹽（分量外），蓋上鍋蓋以稍強的中火蒸煮5分鐘，<u>在這之間可以搖動鍋子</u>。

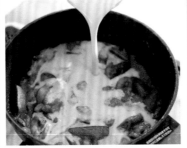

⓫ 加入椰奶煮滾

維持大火，<u>椰奶分2次倒入</u>，煮滾。煮滾的方式與水煮滾的方式一樣。【水煮滾的方法☞P97】

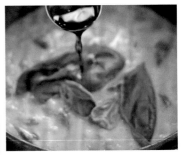

⓭ 放入甜羅勒

打開鍋蓋加入甜羅勒，<u>將剩下的魚露倒入混合</u>，再煮3分鐘。

❾ 放入獅子辣椒，
**　　將雞腿肉放回鍋中**

轉大火，放入獅子辣椒，雞腿肉放回鍋中拌炒。

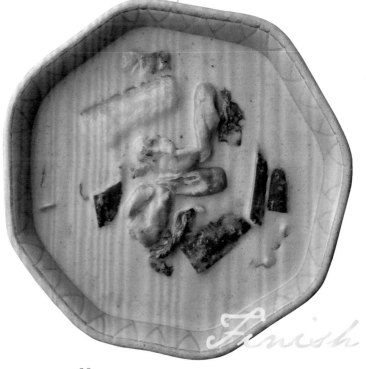

Finish

法式高湯
如何應用在咖哩中？

法式高湯是非常偉大的發明。光是水與鹽就可以充分將食材的美味提煉出來。在看不見的地方左右咖哩的滋味。

咖哩為什麼那麼好吃呢？像這樣突然被問到這麼直接的問題，我也會一時之間詞窮。但是對於多數的日本人來說，我想他們會覺得咖哩美味的原因應該就在於高湯的鮮味。高湯並不只限於昆布或是鰹魚製成的和風高湯。像是說到西式的高湯，就會想到法式雞高湯。

法式高湯的過人之處就在於外表看不出對咖哩的影響，但是卻能強烈地主導咖哩的滋味。咖哩在烹調時是加水還是加高湯，可能吃的時候分不太出來差異。我想應該很少人能在咖哩入口後就立刻察覺出高湯的味道。可是高湯的鮮味卻是一點一點滲入我們的身體裡，支配著我們的大腦，然後讓我們感受「鮮味」的力量。千萬不可掉以輕心啊！

其實熬煮法式雞高湯並不需要什麼困難的技巧。就是要花一點時間解決，只要記住簡單的順序，接下來就只要開小火，然後著手其他的調理步驟就可以了。細心除去浮沫然後慢慢燉煮的高湯，真的有讓人打從心底讚嘆的美妙滋味。使用市售的高湯塊是很方便，可是跟自己熬煮的高湯品質相比可是天差地別。

順帶一提，印度料理基本上不會使用高湯。印度人並沒有那麼重視高湯的鮮味。而日本人則是非常熱愛高湯的鮮味。法式雞高湯萬歲！來熬高湯吧！

> 目標要像這個顏色

法式雞高湯的作法
雖然很花時間，作法卻很簡單。要隨時撈掉浮沫。

小知識

材料（4人份）

雞肋……800～1000g
洋蔥……1顆
紅蘿蔔……1根（100g）
芹菜……1根
月桂葉……1片
黑胡椒……20粒
法式綜合香草……適量
水……2500ml
百里香（有的話）……1根
巴西里的莖（有的話）
　……1根

作法

① 雞肋洗乾淨，水分拭乾。洋蔥、紅蘿蔔與芹菜切塊。

② 鍋裡放入雞肋與水，開大火加熱。

③ 煮沸後撈掉浮沫，放入洋蔥、紅蘿蔔與芹菜燉煮。

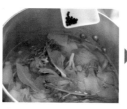

④ 放入月桂葉、百里香、巴西里、法式綜合香草、胡椒與少許鹽（分量外）。

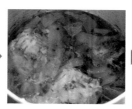

⑤ 蓋上鍋蓋，留一點縫，以小火燉煮2小時，必要時補充適量的水。

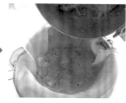

⑥ 燉煮完後以紗布過濾，成品的分量應是1800～2000 ml。

第**4**章

以獨到講究的作法
追尋獨一無二之路

個性派咖哩
名店篇

由夢想而生
咖哩的新發想

從食材與醬汁的美味之處
各取所長的嶄新點子

　　真正好的東西不需要以量取勝。位於高田馬場的「夢民」是一間只以一種咖哩闖蕩幾十年的咖哩專賣店。先是不拖泥帶水的清爽口感，接著出現的是洗鍊的鮮味。通過喉嚨之後，就從鼻腔滿溢出適度刺激的香氣。是一款有著高雅香氣的咖哩。雖然咖哩醬只有一種，配料的種類卻很豐富。

　　配料有雞肉、番茄、菠菜、高麗菜與培根，而且食材非常新鮮。還有最新鮮的雞蛋。只要告訴高村店長自己喜歡的食材組合，他就會默默地甩動平底鍋，開始炒你想要的配料。然後在適當的時機倒入咖哩醬，不一會的功夫，咖哩就上桌了。炒咖哩就是「夢民」在日本咖哩界占有一席之地的新發想。

　　咖哩醬需要花時間料理萃取出鮮味。配料則是短時間料理就能引出食材的風味。所以將這兩個特性用在一個咖哩上，最完美的結論就是炒咖哩。我在訪問高村夫婦時，他們說其實這個咖哩的作法是在夢裡想到的。店名「夢民」也是這麼來的。真是不可思議的體驗呢！

　　現在新開了很多家用同樣概念製作咖哩的店，但當時「夢民」可是開疆闢土的第一人呢！直到現在，我還是很崇拜簡單但能夠創造出全新風潮的名店。

炒好配料，
再加入咖哩醬汁
一眨眼就完成了

將市售的咖哩塊先用熱水溶成咖哩醬的作法，對沒有做過的人來說可能會有順序搞錯的感覺，但是嘗過味道後就能理解，就算只是溶化咖哩塊也非常美味。先將咖哩塊溶好，接著再炒想吃的配料，再放入咖哩醬混合就可以了。所以我將這種作法稱為炒咖哩也是很合理的吧！

炒咖哩

能凸顯食材滋味的炒咖哩
用喜歡的配料來動手做吧

材　料（2人份）

雞腿肉……200g
番茄……1顆（100g）
菠菜……½株
大蒜……½片
雞蛋……1顆
咖哩塊……2盤份
植物油……1大匙
熱水……200㎖

作　法

❶ 大蒜壓碎

大蒜去皮後用刀腹拍碎。

❷ 切雞腿肉

斜切雞腿肉，撒上少許鹽與胡椒（分量外）。

❸ 切番茄

番茄去蒂後切如圖的半圓形。

❹ 切菠菜

菠菜切段。

❺ 汆燙菠菜

熱水煮沸後放入少許鹽（分量外），先放入菠菜的莖再放葉汆燙。接下來還要炒菠菜，所以菠菜不要燙到全熟。燙過之後將水瀝乾。

❻ 打蛋

將雞蛋打散。

成功關鍵

❼ 溶化咖哩塊

將咖哩塊放入熱水裡溶解。咖哩塊放入熱水後先等1～2分鐘後再用筷子攪拌比較快溶化。

▼

❽ 炒大蒜

在單手鍋裡倒入植物油後放入大蒜以小火加熱，將鍋子傾斜以半炒炸的方式炒大蒜，長時間炒炸可以使大蒜的香味轉移至熱油中（以大火短時間快炒是沒辦法讓大蒜香味出來的）。

▼

❾ 煎雞腿肉

雞腿肉帶皮面朝下放入鍋中，以大火煎至表面上色。

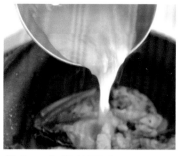

❿ 雞腿肉翻面煎

將肉翻面後轉中火，煎至表面全體上色。

▼

⓫ 放入番茄

轉大火後放入番茄，煎炒番茄的切面。

▼

⓬ 放入菠菜

維持大火，放入菠菜，拌炒混合。

⓭ 加入打好的蛋液

轉中火倒入蛋液，不要攪拌讓它加熱凝固。稍微晃動鍋子。

▼

⓮ 倒入咖哩醬燉煮

將❼的咖哩醬分2～3次加入。每一次都要煮滾，轉小火煮至咖哩醬變濃稠。

Finish

在幽靜的住宅區裡
傳來陣陣香氣的鈴響

完成咖哩的
有著高貴香氣的綜合香料之王

葛拉姆馬薩拉（Garam masala）這個詞從某天開始就突然在咖哩界變得很有名。起因已不可考，但是這個代表印度料理的綜合香料只要在完成的咖哩上面撒一點，就像施了魔法一般能讓料理有正統的印度風味，如此一來這股魅力當然會造成風潮。這個簡單美味又便利的道具備受大家喜愛。

但是想讓咖哩變得美味可是一點也不簡單，是需要下功夫的。教我這個道理的就是位於國立的「香鈴亭」。小而美的店內只有狹小的吧台座位，不過吧台的桌子很大，在正中央有嵌一個大理石製的磨缽。運氣好的話可以看到北川老闆用大理石磨缽研磨著自製的葛拉姆馬薩拉。被店裡芬芳的空氣圍繞的我，感到滿滿的幸福感。

將剛磨好的葛拉姆馬薩拉撒在咖哩上，具有強烈香氣的咖哩立刻就完成了。原來葛拉姆馬薩拉是如此費工的香料啊！在那之後我很努力地做自製的葛拉姆馬薩拉。我雖然沒辦法引進大理石磨缽，但我買了一個電動研磨器。翻遍了外國食譜發現，香料的組合多達2、30種。

於是我就成了有些講究的香料狂熱者，這都要感謝「香鈴亭」。

原形香料經過焙煎之後
風味會更強烈
將香料混合之後再研磨

剛製作好的葛拉姆馬薩拉的香味風味真是出乎意料的強烈。只需撒一點點就能夠大大顛覆咖哩的風味。而且還能使咖哩主要的風味更加出色。如果覺得焙煎後還要研磨實在太麻煩的話，也可以買市售的產品。不同品牌的葛拉姆馬薩拉風味也是天差地遠，可以慢慢找出自己喜歡的風味。

羊肉咖哩

在咖哩完成後
撒上葛拉姆馬薩拉
芳香的香料咖哩

材　料（4人份）

羊排……10支（帶骨650g）
洋蔥……大1顆（300g）
大蒜……1片
生薑……1片
番茄泥……4大匙
原味優格……100g

■ 原形香料
　小豆蔻……5粒
　丁香……5粒
└ 肉桂……1根

■ 香料粉
　薑黃……½小匙
　卡宴辣椒……1小匙
　孜然……2小匙
└ 芫荽……1小匙
葛拉姆馬薩拉……¼小匙
鹽……1小匙
蜂蜜……1大匙
植物油……3大匙
水……400㎖

作　法

❶ 切洋蔥

洋蔥去芯剝皮後切碎丁。

❷ 將大蒜與薑片
　磨成泥

將大蒜與生薑去皮後磨成泥，加入100㎖的水（分量外）混合成薑蒜汁（參照P16）。

成功關鍵

❸ 切羊排

將羊排肉骨分離，多餘的油脂切掉，紅肉部分切成一口大小。撒上略多的鹽與胡椒（分量外）。肉的部分大約是450g。

❹ 炒原形香料

鍋裡倒入植物油開中火加熱，將原形香料的材料放進去炒。

❺ 炒洋蔥

小豆蔻炒到膨脹之後就放入洋蔥，撒上少許鹽（分量外），以大火炒至深褐色。途中可以加入100㎖的熱水（分量外）一起炒，以縮短時間。

❻ 加入薑蒜汁

維持大火，加入薑蒜汁拌炒。

❼ 加入番茄泥

加入番茄泥以大火炒。

❿ 將水倒入煮開

倒入水後以大火煮滾。【水煮滾的方法☞P97】

⓬ 加入蜂蜜燉煮

轉小火加入蜂蜜，蓋上鍋蓋燉煮60分鐘。

⓭ 加入葛拉姆馬薩拉

維持小火，加入葛拉姆馬薩拉攪拌混合。

❽ 加入香料粉與鹽

轉小火，將香料粉與鹽加進去拌炒（將香料粉確實炒熱）。

⓫ 加入原味優格

轉中火，加入原味優格攪拌混合。

❾ 放入羊肉

轉中火，放入羊肉煎至表面全部上色。

Finish

絞肉咖哩上的
香味奇幻世界

竭盡各種方法
使咖哩增添香氣

如果再一次與「MURA」的中村先生相聚的話，我想我們會徹夜暢談到天亮吧！談著有關咖哩香味的多樣性，以及達到香味多樣性的自由度。位於自由之丘的咖哩紅茶店「MURA」是外牆爬滿地錦的獨棟民房，店裡的空間說不上寬敞但有挑高，是個很棒的空間。

招牌料理是很簡單的絞肉咖哩。白飯的中央盛著絞肉咖哩，絞肉咖哩的中間也裝飾著各種五彩繽紛的東西，我想不起來到底具體是什麼。其實就是七味粉之類的調味料，但是並不只是單純的香料，我記得還有食用花之類的參雜其中。擺盤呈美麗同心圓狀的「香之素」，外觀華麗賞心悅目，正是中村先生作品美學意識的表現。

咖哩含入口中，豐富的香氣就像旋轉木馬，在口中繞啊繞。絞肉咖哩上有奇幻的世界。我記得中村先生說過他曾當過日本料理的廚師，所以對咖哩也不會有特別執著的地方。我想正是因為中村先生不會被正統作法束縛，能自由追求自己喜歡的風味，所以才會產生這樣的咖哩。我很想再訪問一次中村先生在到達那樣的成果之前，有過什麼樣的錯誤經驗？或是下過什麼樣的苦功？或是有什麼新奇的點子？可惜我沒有中村先生的聯絡方式。

咖哩是一個能夠享受香味的料理。吃著「MURA」的咖哩更是深感如此，喝飯後紅茶的同時我更確信自己的結論。那一天對我來說是很珍貴的回憶。

香料種類的選擇
與添加的時機
都會影響咖哩的香味

能夠增添咖哩香味的品項，並不限於乾燥香料。香草等新鮮香料或是生薑大蒜、洋蔥等蔬菜，甚至麻油也能增添香味。在鍋裡依照效果發揮的順序放入各種材料，就能烹煮出香味層次豐富的咖哩。

絞肉湯咖哩

以香料及香草做出
風味豐富的爽口絞肉咖哩

材料（4人份）

豬絞肉……100g

雞腿絞肉……300g

紫洋蔥……2顆（150g）

大蒜……2片

生薑……2片

青辣椒……2根

■原形香料
└ 孜然……1小匙

■香料粉
　薑黃……½小匙
　卡宴辣椒……½小匙
└ 芫荽……1大匙

原味優格……100g

法式雞高湯……400ml
　【法式雞高湯的作法☞P70】

鹽……1小匙

植物油……3大匙

薄荷（有的話）……適量

蒔蘿（有的話）……適量

作　　法

❶ 切大蒜、生薑
　與紫洋蔥

大蒜去皮後用刀腹拍碎，紫洋蔥去芯剝皮。將大蒜、生薑與紫洋蔥切碎。

❷ 切青辣椒

青辣椒去蒂後，切成5mm的圓片。

❸ 切薄荷

薄荷切碎。

❹ 炒孜然

鍋裡倒入植物油後開中火加熱，放入孜然（炒至孜然開始冒泡）。

❺ 炒大蒜、生薑
　與青辣椒

維持中火放入大蒜、生薑與青辣椒，炒至大蒜的香味出來。

❻ 放入⅔量的紫洋蔥下去炒

轉大火放入⅔量的紫洋蔥，撒上少許鹽（分量外），炒至洋蔥變褐色。重複放置一下再拌炒的動作，注意不要燒焦。

成功關鍵

⑦ 加鹽與香料粉下去炒

轉小火加入香料粉與鹽，炒至香料不再呈粉狀。

⑧ 加入豬絞肉

轉中火加入豬絞肉，炒至豬絞肉上色。

⑨ 加入雞腿絞肉拌炒

加入雞腿絞肉，炒至雞腿絞肉上色。

⑩ 加入原味優格

維持中火加入原味優格，快速攪拌混合。

⑪ 加入法式雞高湯煮滾

轉大火加入法式雞高湯煮滾。雞高湯分2次加入，先加一半的雞高湯，煮滾後再加入剩下的一半。

⑫ 加入剩下的紫洋蔥，以小火燉煮15分鐘

加入剩下的紫洋蔥，蓋上鍋蓋以小火燉煮15分鐘。

成功關鍵

⑬ 加入薄荷與蒔蘿

依自己喜好加入薄荷與蒔蘿，快速攪拌混合。

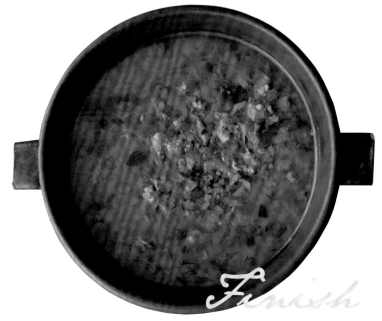

Finish

西洋風與印度風混搭
永不褪色的名古屋之星

自製法式高湯的鮮味與香料的刺激
融入異國經驗的牛肉咖哩

「廚師的工作做到45歲我就要辭職。」名古屋本山站前「象神」的豐嶋先生曾這麼說過。「因為5×9=45（日語的廚師コック音似日語的59ゴク），在西洋料理的世界裡，大家都說45歲是手感跟各種感官變鈍的年齡。」半開玩笑向我說明的豐嶋先生，真的在2004年45歲時將店關了，開始做庭園造景師傅。

豐嶋先生以飯店主廚開啟他的事業，學習西洋料理之後前往印度。如此特殊的經歷，讓「象神」的咖哩成為融合西洋料理中法式高湯的鮮味與印度咖哩辛香料的逸品。那也是我當時在名古屋最喜歡的咖哩店。去採訪「象神」的時候，還讓我參觀他們的廚房。看到廚房裡自製的法式高湯與自製的印度酥油，彷彿是豐嶋先生細心工作的濃縮精華。

我在某個情報雜誌的咖哩特輯中看到一篇〈讀者票選名古屋美味咖哩排行榜〉。竟然排名前30家店裡都找不到「象神」的名字。這怎麼可能呢!?再定睛一看，同一個咖哩特輯的另一篇〈咖哩店主廚票選名古屋美味咖哩排行榜〉，「象神」就堂堂登上第一名的寶座，不可思議地覺得實至名歸，同時也有一絲複雜的心情。「象神」就是這樣的一家店。

時光流轉，已成為庭園師傅豐嶋先生與我每年都會前往印度進行料理考察之旅。我想今後我們對咖哩的熱情也不會冷卻吧！

喚醒記憶裡的香味
慎重備菜
是專業者的料理法

我觀察到豐嶋先生製作咖哩時的一個特徵，那就是分析咖哩構成的要素，然後依各個步驟最適合的方式去備菜。而且所有料理步驟都非常仔細慎重地進行。更令人驚訝的是法式高湯的香味。在廚房飄散著特殊香味的瞬間，就喚起我對象神咖哩鮮明的印象。我又再次認識到咖哩是能夠享受香味的料理。

牛肉雞蛋咖哩

**法式高湯與香料製成的
歐風＋印度豪華咖哩**

材 料 (4人份)

牛五花……300g

雞蛋……4顆

洋蔥……2顆

番茄……小1.5～2顆（150g）

大蒜……1片

生薑……1片

腰果……1大匙

優格……1大匙

■ 原形香料

└ 孜然……1小匙

■ 香料粉

辣椒粉……½小匙

匈牙利紅椒粉（Paprika Powder）……1大匙

薑黃粉……⅓大匙

孜然粉……1大匙

芫荽粉……1大匙

葛拉姆馬薩拉……½小匙

鹽……½大匙

醬油……1小匙

伍斯特醬……1小匙

自製印度酥油（Rogan Josh※）……2大匙

■ 法式高湯

雞肋……400g

芹菜……1根

紅蘿蔔……⅓根

月桂葉……2片

小豆蔻……3粒

丁香……6根

茴香籽……2小匙

└ 肉桂……1根

※將製作羊肉咖哩時的表面浮油保存使用。

作 法

[準備雞蛋]

❶ 鍋裡加水煮雞蛋

鍋裡放入水，加入鹽與醋（皆分量外）混合，放入雞蛋，以大火加熱（加鹽是為了讓雞蛋浮起來，加醋是為了防止鍋子變色）。

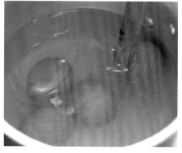

❷ 以筷子攪拌讓雞蛋旋轉

沸騰之前與沸騰之後的3分鐘內以筷子在鍋內繞圈，讓雞蛋旋轉（這麼做是為了讓蛋黃保持在雞蛋正中間）。

❸ 沖水讓雞蛋冷卻

水煮滾後經10分鐘，連同鍋子一起沖水使雞蛋冷卻。

❹ 油炸雞蛋

雞蛋冷卻後剝殼，以200℃的油（分量外）直接油炸雞蛋（經過油炸後的雞蛋更容易讓咖哩醬入味）。

[準備法式高湯]

❺ 將雞肋清洗乾淨

以叉子將雞肋內的內臟仔細取出後泡在水中。

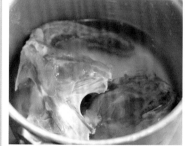

❻ 水煮雞肋

鍋裡放入水（分量外），放入雞肋後以中火加熱。水量為幾乎要蓋過雞肋的程度。注意不要加太多水，水滾時會滿出來。

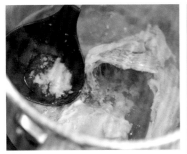

❼ 撈除浮沫

要頻繁地撈除浮沫，待浮沫變少後轉小火。

▼

成功關鍵

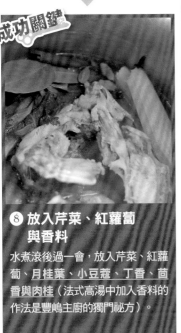

❽ 放入芹菜、紅蘿蔔與香料

水煮滾後過一會，放入芹菜、紅蘿蔔、月桂葉、小豆蔻、丁香、茴香與肉桂（法式高湯中加入香料的作法是豐嶋主廚的獨門祕方）。

▼

❾ 以小火燉煮6小時

維持小火燉煮6小時。

❿ 仔細過濾

以濾網將高湯濾出來，可以用木匙仔細過濾。

[準備牛肉]

⓫ 去除牛五花的肥肉

仔細去除牛五花的肥肉。

▼

⓬ 以平底鍋煎牛五花表面

平底鍋裡倒入適量植物油（分量外），煎烤牛五花的表面。

⓭ 牛五花放入法式高湯中燉煮

鍋中倒入❿的法式高湯煮滾，放入表面煎上色的牛五花，以小火燉煮3〜4小時。法式高湯在常溫下放涼。

[準備洋蔥]

成功關鍵

⓮ 切與炒洋蔥

以與洋蔥纖維垂直的方向將洋蔥切片，取另一個鍋中倒入植物油（分量外），以中火炒，不要炒焦。如果好像快焦的樣子就加入適量的水（分量外）。

▼

⓯ 冷卻洋蔥

洋蔥炒至變軟變透明後從鍋中取出，放在不鏽鋼盤中冷卻備用。

**⑯ 洋蔥與法式高湯
　放入食物調理機攪拌**

洋蔥冷卻後放入食物調理機，也放入少量冷卻後的法式高湯。

▼

成功關鍵

⑰ 洋蔥製成洋蔥泥

洋蔥以食物調理機攪成泥狀，移至容器中。

[準備咖哩醬與完成]

成功關鍵

**⑱ 腰果與水
　放入食物調理機**

在空的食物調理機中放入腰果與少量水（分量外），以食物調理機攪拌。重複攪拌直到沒有顆粒。

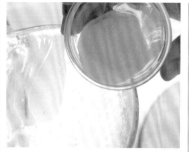

⑲ 加入優格

優格加進有腰果醬的食物調理機中。

▼

⑳ 加入番茄

番茄切成半月形剝皮後一同放入食物調理機。

▼

成功關鍵

㉑ 打成泥狀

重新啟動食物調理機，打成泥狀，移至容器中。

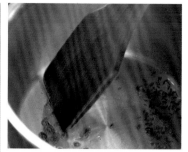

㉒ 炒孜然

鍋裡放入自製印度酥油與孜然後以中火加熱，注意不要燒焦。

▼

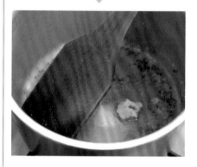

㉓ 炒大蒜與生薑

將大蒜磨泥後放入鍋裡炒。鍋底快焦的時候將生薑磨泥後放入，注意不要燒焦，以木匙拌炒。

▼

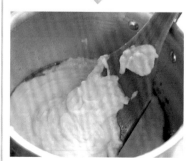

㉔ 加入洋蔥泥

加入⑰的洋蔥泥，注意不要燒焦小心拌炒。

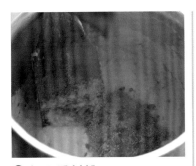

㉕ 加入香料粉

將除了葛拉姆馬薩拉以外的香料粉一次放入。

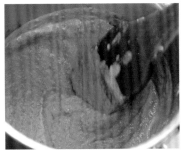

㉘ 以小火炒30分鐘

鍋裡的咖哩醬煮滾後以小火炒30分鐘。

㉛ 撕碎牛五花加入

將⓭燉煮好的牛五花用手撕成一口大小放入鍋中。

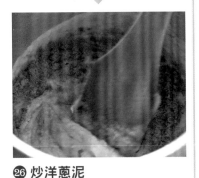

**㉖ 炒洋蔥泥
　與香料粉**

將洋蔥泥與香料粉<u>仔細拌炒</u>。

㉙ 加入法式高湯

<u>咖哩醬表面出現一些浮油</u>後加入⓾的法式高湯。

㉜ 放入雞蛋加熱

加入❹的炸雞蛋，加熱後就完成了。

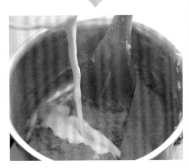

**㉗ 加入腰果、優格、
　番茄泥**

<u>炒到香味出來</u>後將㉑的腰果優格番茄泥加進去。

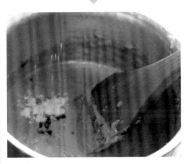

**㉚ 放入鹽、葛拉姆馬薩拉、
　醬油與伍斯特醬**

燉煮一下之後試味道，加鹽。然後放入葛拉姆馬薩拉、醬油與伍斯特醬。

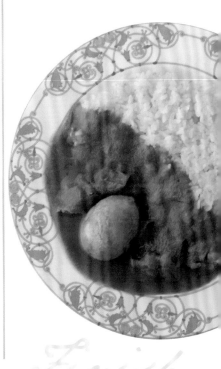

水野仁輔 × 豐嶋光男

鮮味、香味、濃稠度。
全部先想好再往那個咖哩邁進

融合歐風與印度的名古屋「象神」咖哩。
到底是如何創作出這樣獨特的風格呢？現在就來直擊豐嶋光男主廚。

從歐風咖哩與印度咖哩
「各取所長」而成的獨特風格

水野 豐嶋先生是從飯店的西餐主廚開始廚藝事業，然後接觸到咖哩，在那之後又前往印度取經，回國後開了「象神」。那時你應該考慮過該選擇飯店式的歐風咖哩，還是該往印度當地的滋味前進，可是最後兩邊都沒有靠，你當時是怎麼想的呢？

豐嶋 其實剛開始兩種都有試過。有歐風咖哩也有印度咖哩，但是剛開始我們只是一間門可羅雀的小店，當時印度咖哩並不像現在一樣廣為人知。所以在迎合客人的需求後，最後得出各取所長的咖哩。

90

水野 當你決定要各取所長時，你覺得不可或缺的要素是什麼呢？

豐嶋 鮮味，也就是法式高湯。

水野 象神咖哩最根本的重點就是法式高湯對吧！可是這與飯店時期的法式高湯有什麼不同？

豐嶋 當然不同，我在咖哩中放入香料後曾聽過客人抱怨：「這是什麼啊？」、「有種子在裡面！」（笑），所以我就改成在熬法式高湯時放入香料增添香味。

水野 熬煮法式高湯是西式的作法，而香味的部分則是受到印度料理的影響吧！那將洋蔥與腰果打成泥是什麼樣的概念呢？

豐嶋 我認為客人會將濃稠的咖哩與高級感做連結。那時我決定不要用饢餅，要以白飯搭配，所以我想稀一點的咖哩滿適合的，但是卻被飯店的前輩說：「這樣沒有高級感！」所以就改成濃稠的咖哩醬。

水野 印度酥油是如何製作的？

豐嶋 那是我在印度學到的，製作羊肉咖哩時，將油上面清澄的部分萃取下來，可以使用於各種料理。炒馬鈴薯時可以加，做印度咖哩餃的時候也可以用，煮飯也可以加，總之全部都可以加。每次煮咖哩時就將乾淨的浮油取下來，補充到原本的容器中，已經用好幾年了。就跟烤鰻魚的蒲燒醬汁一樣。

決定味道的關鍵
鹽與辣椒比辛香料還要重要

水野 象神結束營業距今已經12年了，對豐嶋先生來說如今美味的咖哩是怎樣的咖哩呢？

豐嶋 我覺得鹽與辣椒比香辛料重要。不需要多高級的，鹽不會輸給香辛料。像是天然鹽之類的。還有辣椒不論太辣或有甜味都不行。需要帶有辛味的辣椒凸顯其他香料特色。美味的咖哩就是充分活用鹽與辣椒的咖哩。還有就是有鮮味的咖哩。

水野 你不想要再開一次咖哩店嗎？

豐嶋 的確有這樣的夢想與野心。

水野 哇！真的嗎？

豐嶋 如果要開咖哩店的話就當作興趣吧，做自己想做的料理。下次我不想開咖哩專賣店，我比較想開有賣咖哩的印度料理餐廳。

水野 豐嶋先生為了興趣而開的餐廳。好令人期待啊！最後，想請問對豐嶋先生來說咖哩是什麼呢？

豐嶋 是「幸運物」。如果沒有遇見咖哩，我想我也不會有那麼快樂的人生。也不會認識水野先生，也不會去印度了吧！

水野 非常感謝你撥空接受訪問。

豐嶋光男

在飯店擔任廚師後前往印度學習料理。回國後，1987年在名古屋開設傳說中的名店「象神」。也是名古屋第一家賣湯咖哩的店。2004年結束營業後從事庭園師傅的工作，現在仍以「名古屋香料番長」的身分活躍著。

隱藏祕方
如何巧妙運用？

**隱藏祕方必須不讓人察覺。決定好方向再選擇，
技巧是適量添加，過猶不及。要記好這幾個要領。**

比如說你想要加入巧克力做為隱藏祕方。甜味加上些微的苦味一定可以做成有深度的咖哩吧！接著你要去買巧克力。到了超市的巧克力陳列區，你卻望著巧克力傷腦筋。有普通的巧克力也有苦甜巧克力。苦甜巧克力有種成熟的風味好像不錯。往旁邊一看，擺著牛奶巧克力。牛奶啊……，乳製品可以增加鮮味，又可以做出濃厚圓潤的風味，好像也很有魅力。

說到巧克力，還有杏仁口味的巧克力，或是放入腰果或花生的巧克力。堅果的鮮味好像不錯。有香濃的風味。如果將巧克力餅乾加進去，餅乾的部分會產生什麼樣的味道呢？突然想到還有威士忌酒香巧克力。咖哩加入一點酒的風味好像不壞。總算決定好要選哪個之後，現在又要煩惱該加多少的量。

沒錯！咖哩的隱藏祕方意外地是一門不容輕忽的課題。咖哩的隱藏祕方可以竭盡所能使用各種素材。先確認過各個素材的味道之後，依據自己想要製作出什麼味道的咖哩來選擇隱藏祕方的素材，以及用量。重要的是在心裡要先有明確的概念。什麼都想加一點進去的話，可能會產生深厚的風味，也可能會變成很混雜的味道。尋找適當的味道以及加入適當的分量，是隱藏風味最基本的概念。

幫助理解隱藏祕方的四味分析圖

小知識 隱藏祕方所使用的食材與味道之間的關係如下圖所示。可以從目標風味來做選擇。

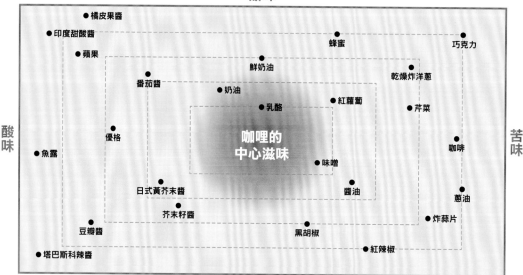

第 **5** 章
讓夢幻咖哩
變得更美味的7個方法

平凡咖哩
升級篇

本章將會透過製做水野流咖哩
來介紹重要且基本的2個技巧。
接著會傳授香料的組合及選擇咖哩塊的必要知識。
如果能夠融會貫通這些觀念與技巧,
就可以使平凡的咖哩脫胎換骨。
就連本書所介紹的咖哩都能美味更升級!

用平常的材料與咖哩塊製作

家常豬肉咖哩

脫水技巧
的極致

第一個基本技巧為「脫水」。
將食材中含有的水分排出可以使食材更容易入味。
鮮味也會濃縮鎖在裡面。所以用平常使用的材料
也可以做出非比尋常的豬肉咖哩。

材料 (4人份)

■ 食材
　豬腿肉……200g
　洋蔥……1.5顆
　紅蘿蔔……1根（150g）
└ 馬鈴薯（男爵品種）……2顆（200g）

■ 其他
　咖哩塊……4盤份
　植物油……2大匙
└ 水……500㎖

家常豬肉咖哩

STEP 1
切

**要開始切食材之前，先將食材從冰箱取出，
放常溫下回溫，食材的風味才會出來。
切的時候要注意每塊的分量要盡量一樣。
這樣烹煮時才能均勻受熱。
豬腿肉事先撒上鹽是很重要的步驟。**

❶ 洋蔥切塊

洋蔥切半，去芯剝皮後切塊。不要將菜刀拿斜的切，
而是調整洋蔥的角度，與砧板垂直切下去。將切好
的洋蔥分開成一片一片的。

❸ 切馬鈴薯

馬鈴薯削皮後每顆切成4等分。

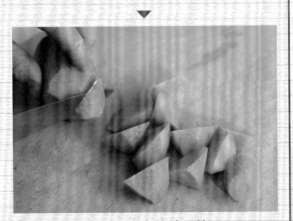

❷ 紅蘿蔔切成一口大小的滾刀塊

紅蘿蔔削皮後切成一口大小的滾刀塊。注意不要切太
大塊，否則會很難煮熟。

❹ 豬腿肉撒上鹽與胡椒

豬腿肉撒上少許鹽與胡椒（分量外）並脫水。既可
以醃肉也可以將多餘水分排出，可以讓鮮味更容易入
味。

家常豬肉咖哩

STEP 2

炒

洋蔥炒得成不成功
會影響咖哩的味道完成度。
以蒸的方式分3階段炒洋蔥,
讓洋蔥中間也熟透。
豬腿肉表面
要炒成金黃色。

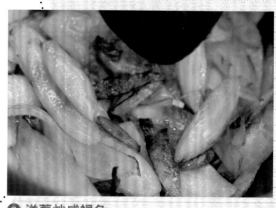

❸ 洋蔥炒成褐色

打開鍋蓋轉大火。將洋蔥炒至變軟,表面變褐色。

❶ 炒洋蔥

鍋裡放入植物油後開中火加熱,放入洋蔥,撒上少許鹽(分量外),蓋上鍋蓋蒸熟,時間約 3 分鐘。鹽的脫水效果讓洋蔥排除水分,將鮮味鎖在裡面。

❹ 炒豬腿肉

維持大火,將豬腿肉加進去炒。炒至沒有生的部分,全體表面呈金黃色。

❷ 用木匙在鍋中攪拌

將鍋蓋打開,將蒸煮過的洋蔥快速拌炒一下,讓沒有接觸鍋底與側邊的部分也徹底炒熟。維持中火再度蓋上鍋蓋蒸煮2分鐘。

❺ 紅蘿蔔與馬鈴薯放下去炒

維持大火,放入紅蘿蔔與馬鈴薯,快速攪拌讓全體表面均勻沾上油。

96

家常豬肉咖哩

STEP **3**

煮

一次將水全部加進去會讓鍋內溫度下降，
所以水分3次加很重要。
浮沫其實也是鮮味的精華，
可以先嘗味道，如果沒有很混雜的味道
也可以不用撈掉。

❶ 水分成3次加入

維持大火分3次加水，每次加⅓的量。每次加水後
都要等到水滾再加下一次。也可以用熱水，這樣就
可以一次全部煮滾。用熱水就不會使溫度降低，所以
可以一次加完。

▼

❷ 撈除浮沫

撈除浮沫。輕輕晃動鍋子可以使浮沫集中在一個地
方，這樣就可以很容易撈除浮沫。撈浮沫時可以輕
輕上下晃動，讓湯汁流回鍋內，只要撈走浮沫就好。

▼

❸ 以小火燉煮20分鐘

蓋上鍋蓋以小火燉煮20分鐘。

❹ 放入咖哩塊

關火後靜置1～2分鐘。等鍋子溫度稍微下降後放入咖
哩塊。可以用筷子夾著咖哩塊在鍋裡攪拌溶化，這
樣既不會傷到食材又可以讓咖哩塊均勻混合。

▼

❺ 開中火再加熱

開中火再加熱，燉煮到咖哩成濃稠狀。

將材料分成配料與基底
餐廳牛肉咖哩

分工合作
的極致

第二個基本技巧是「分工合作」，
將咖哩醬基底的食材與配料的食料分開料理。
如此一來就能將家常咖哩提升至餐廳賣的咖哩等級。

材 料（4人份）

- 配料
  - 牛腿肉……200g
  - 馬鈴薯（男爵品種）……2顆（200g）
- 基底
  - 洋蔥……1.5顆
  - 紅蘿蔔……1根（150g）
- 其他
  - 咖哩塊……4盤份
  - 植物油……2大匙
  - 水……600㎖

餐廳牛肉咖哩

STEP 1
切

將洋蔥與紅蘿蔔切小
是為了要做咖哩的「基底」。
馬鈴薯作為「配料」則是切成好入口的大小。
要做「基底」或是「配料」
會影響處理食材的方式。

❶ 洋蔥切碎丁

洋蔥切碎丁。一開始切的方向與纖維平行，刀尖留
一根筷子的寬度不要切斷。接著再與纖維垂直切。
這樣就可以一口氣切成碎丁。

❸ 馬鈴薯切成4等分

馬鈴薯削皮後每顆切成4等分。

❷ 紅蘿蔔磨泥

紅蘿蔔削皮後磨泥。

❹ 牛腿肉撒上鹽與胡椒

牛腿肉撒上少許鹽與胡椒（分量外），脫水。

餐廳牛肉咖哩

STEP 2

炒

用切成碎丁的洋蔥
與磨成泥的紅蘿蔔來製作基底。
基底完成直接就是鮮味的來源，
所以請確實煎炒。

❶ 蒸煮洋蔥

鍋中放入植物油開中火加熱，<u>放入洋蔥後撒上少許鹽</u>
<u>（分量外）</u>，蓋上鍋蓋蒸熟，時間約3分鐘。

❸ 炒紅蘿蔔

放入紅蘿蔔泥開大火快炒。整鍋攪拌讓全體紅蘿蔔泥
都沾到油，轉中火炒5分鐘直到紅蘿蔔顏色變深。紅
蘿蔔與洋蔥會成為咖哩的基底。

❷ 洋蔥炒至深褐色

打開鍋蓋，將蒸過的洋蔥用木匙快速攪拌，轉大火炒5
分鐘。5分鐘後再快速拌炒一下，接著轉中火再炒5分
鐘，<u>直到洋蔥轉為深褐色</u>。

❹ 炒牛腿肉

維持中火放入牛腿肉，煎到沒有生的部分，<u>炒至全體</u>
<u>表面上色</u>。

STEP 3 煮

**這裡的料理重點是要濾掉湯汁的雜質。
將浮沫等雜質過濾掉之後，
可以讓肉與蔬菜的鮮甜味更明顯。
咖哩塊的濃稠度就依自己喜好調整。**

❶ 水分3次加入

維持大火分3次加水，每次加⅓的量。每次加水後都要等到水滾再加下一次。【水煮滾的方法☞P97】也可以用熱水，這樣就可以一次煮滾。煮滾後撈去浮沫。

❷ 以小火煮30分鐘

蓋上鍋蓋以小火燉煮30分鐘。

❸ 牛腿肉取出，過濾湯汁

關火打開鍋蓋，將牛腿肉取出，湯汁用濾網濾到另一個鍋內。用拌匙將殘留的湯汁壓出來。也可以用紗布包著過濾。

❹ 配料放入湯汁裡煮

將❸的湯汁、牛腿肉與馬鈴薯放入鍋中，以中火煮30分鐘。

❺ 放入咖哩塊再度加熱

關火後靜置1～2分鐘，放入咖哩塊。開中火加熱，煮至咖哩變濃稠。可以用竹籤刺馬鈴薯來確認有沒有煮軟。【咖哩塊的溶解方式☞P97】

手作咖哩粉
做出屬於自己的風味

料理重點

一般市售的咖哩粉使用20種以上的香料，多的會使用到30多種香料。但是混合那麼多種香料之後就會出現很混雜的味道。所以只要選擇最少種類的香料來做咖哩粉就好。

材料（4人份）

孜然…3小匙

匈牙利紅椒粉…½小匙

蒔蘿…¼小匙

小豆蔻…1小匙

薑黃…3小匙

芫荽…3小匙

肉桂…¼小匙

生薑…1小匙

葫蘆巴…1小匙

丁香…½小匙

卡宴辣椒…1小匙

茴香…½小匙

作法

❶ 混合香料粉

將各種顏色香味的香料混合。均勻混合香料粉成顏色香味皆一致的綜合香料粉。

❷ 放入鍋裡以小火慢煎

光是混合香料粉香味不會完全出來。經過加熱溫度上升後香味才會出來。以小火慢慢焙煎，注意不要燒焦。

❸ 放入密閉容器中熟成

焙煎完成後可直接使用，也可以等熟成後風味會更圓潤。放置1星期、1個月或3個月會變化成不同風味。

小知識

| 中村屋 | S&B | India Spice & Masala Company | INDIRA Pure Curry Powder |

如何選購市售咖哩粉

不同的香料組合，咖哩粉的香味也會大相逕庭，並沒有哪一個牌子最好。但是可以從「香料種類多的是日本風咖哩粉，香料種類少的是印度風咖哩粉」來做選擇。不妨多加嘗試找出適合自己的咖哩粉。

找到自己喜歡的香料組合
手作葛拉姆馬薩拉
促進食慾的香氣

| 料理重點 |

如果能夠自己混合喜歡的香料製作葛拉姆瑪薩拉的話，就已經達到印度廚師的等級了。製作時需要用到電動攪拌器，所以門檻有點高，不過用石製磨缽也能達到差不多的效果。

| 應用食譜 |

P76……羊肉咖哩

材料（4人份）

孜然…3小匙

黑胡椒…小山狀的1小匙

肉桂棒…1根

丁香…1小匙

小豆蔻…12粒

作法

❶ 將原形香料放入鍋裡煎

葛拉姆瑪薩拉要用原形香料開始做。準備好香料之後就放入鍋中，以中火加熱。因為原形香料很難熟，所以要慢慢地細心焙煎，直到香味出來。

❷ 關火，利用鍋子的餘熱讓香味釋放出來

加熱過頭也會讓香氣減少，所以煎到有一陣強烈的香氣出來時就關火。利用餘熱傳導至香料的中心。

❸ 用電動攪拌器將香料磨成粉狀

香料放涼後就放入電動攪拌器中，只要研磨即可。充分研磨至所有香料都磨成粉狀。

小知識

GABAN　　S&B　　MASCOT

認識市售葛拉姆瑪薩拉

坦白說該怎麼選擇葛拉姆瑪薩拉其實都是看自己的喜好。用量很少，但是對咖哩風味卻有很大的影響。可能的話可以一次購入多家廠牌的葛拉姆瑪薩拉，來確認彼此間的差異。是一個能夠了解綜合香料魅力的入門機會。

體驗新鮮香料的高級香氣

手作綠咖哩醬
層次豐富的滋味與香氣

<table>
<tr><td>料理重點</td><td>應用食譜</td></tr>
</table>

一定要自己做泰式綠咖哩醬。市售的綠咖哩醬大多是直接從泰國進口的，那對日本人來說太辣了！可以直接用跟泰國一樣的材料製作，也可以使用替代食材。一定要體驗一次層次豐富的綠咖哩醬滋味。

P66……泰式綠咖哩

材 料（4人份）

青辣椒……10根
紫洋蔥……½顆（40g）
大蒜……2片
生薑……1片
香菜……1株（8g）
甜蘿勒……10片
孜然粉……¼小匙
芫荽粉……½小匙
花枝鹽辛……1大匙
砂糖……2小匙

小知識

印度の味　　黃咖哩醬

紅咖哩醬　　綠咖哩醬

市售咖哩醬的差別

大部分的品牌都會有紅、黃、綠3種風味的咖哩。市售調理包很方便，可以多家嘗試，找到自己喜歡的風味。

作 法

❶ 將材料切成小塊

將綠咖哩醬的材料切成小塊好放入食物調理機打成泥。不論是蔬菜、香料或是香草都是新鮮的狀態下最能散發出高級的香氣，咖哩醬的風味也會更豐富。

❷ 放入食物調理機攪拌

將材料放入食物調理機或果汁機裡打成泥。放入少量水攪拌成滑順的泥狀。要注意打太久也會讓香味變淡。

❸ 將綠咖哩醬放入鍋裡炒

鍋裡放入少量植物油（分量外）後開火，熱油後放入綠咖哩醬炒。火太大會很容易炒焦，可以用中火慢炒。

❹ 炒至水分蒸散

開始加熱後水分會慢慢蒸散。顏色也從鮮綠色慢慢變淡。慢慢炒至水分蒸散，平底鍋傾斜咖哩醬也不會流動的程度。

今天想吃什麼口味的咖哩
依喜好選擇咖哩塊

 小知識

市售咖哩醬的差別

可以將咖哩塊分成4種風味傾向。
依自己的需求選擇適合的咖哩塊吧！

高級感

高級感咖哩塊

因為使用高級（高單價）材料製成，所以風味各方面的等級也比較高。「Dinner Curry」是最標準的口味。「The Curry」有熬煮法式高湯的鮮味。「Zeppin」的咖哩塊的構成要素很特殊。各有豐富的特色。

Dinner Curry　The Curry

辛辣咖哩塊

歷史悠久令人懷念的系列。是能強烈感受到香料香氣的咖哩塊。適合對咖哩料理有心得的上級者。「Golden Curry」是有歷史的老牌子。「爪哇咖哩」則是以力道強勁的辛香味與辣味著稱。

兩段熟成咖哩

馥醇咖哩

ZEPPIN

Golden Curry

とろける咖哩

爪哇咖哩

重視濃厚風味的咖哩塊

日本人認定咖哩美味的標準就是「濃厚」。以「有如隔夜咖哩般美味」為賣點的「兩段熟成咖哩塊」。接著開發出「馥醇咖哩」以及「とろける咖哩」。都是很便宜的系列。

佛蒙特咖哩

家庭式的溫和風味咖哩塊

顛覆「咖哩＝辣」的既定印象。溫和中帶點甜甜的滋味，深受女性及小朋友喜愛。可能是因為如此，佛蒙特咖哩系列是日本最普遍的咖哩。麵粉的濃郁風味讓初學者也不會失敗。

家庭式　濃郁 ⟶ 辛辣

香料咖哩原來那麼簡單！
製作咖哩必要的香料「6C＋1T」

料理重點

製作咖哩時不可或缺的香料有4種。薑黃、卡宴辣椒、孜然與芫荽。如果要再追加3種的話則是小豆蔻、丁香與肉桂。將這些香料的英文字首拿出來就是「6C＋1T」。也是各種組合的基本原則。

香　料　粉

薑黃 Turmeric

鮮豔的黃色與土地的香味。沒有放薑黃的咖哩就讓人覺得少了什麼。但是加太多也會有苦味出來。是很神奇的香料。使用時量不必多，卻是足以成為咖哩的主幹般重要的存在。

卡宴辣椒 Cayenne Pepper

紅辣椒粉。豔紅的色彩看起來就很辣。實際上也非常的辛辣。但是卡宴辣椒還有一個隱藏的魅力，那就是「香氣」。與匈牙利紅椒粉相近的香氣使咖哩更加美味。

孜然 Cumin

單獨存在時最接近咖哩的香味。有點刺激的香氣能將咖哩的風味凝結起來。就算大量使用風味也不太會跑掉。也很常使用原形香料。

芫荽 Coriander

如果單指葉子的部分就是我們常聽到的「香菜」。種子乾燥後有種輕盈的香氣。芫荽的黏稠特性有調和多種不同香料的功用。

原　形　香　料

小豆蔻 Cardamon

小豆蔻帶有高雅清爽的香氣。淺綠色的豆莢中有黑色的種子。長時間燉煮後香味會慢慢出來。煮之前先用油炒過讓種子膨脹，更能讓香味出來。

丁香 Clove

具有像中藥一樣，個性十足又深奧的味道。加太多會太苦。有些人不喜歡它的味道，但是有著獨特魅力的丁香，一旦喜歡上了很有可能會上癮。

肉桂 Cinnamon

帶有甘甜香氣的香料。是樹皮乾燥後的產物。能增加咖哩風味的層次感，但是要小心加太多也會破壞咖哩整體的風味。幾乎不會使用到肉桂粉。

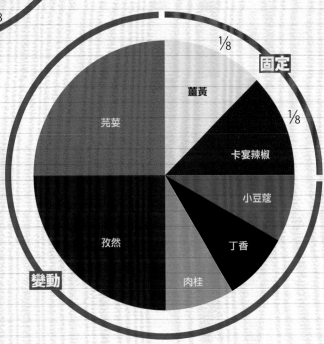

香料粉
的基本組合

**先學會基本的觀念
再依自己的喜好做調整**

使用香料時最重要的就是整體的平衡。也是香料搭配時最基本的原則。掌握這點之後就可以依自己的喜好做變化。薑黃與卡宴辣椒不要加太多，孜然與芫荽可以多加一點。看自己喜歡孜然多一點還是芫荽多一點再去做調整。

固定
1/8 薑黃
1/8 卡宴辣椒
3/8 芫荽
3/8 孜然
變動

「6C＋1T」
的基本組合

**掌握香料中「香、色、辣」
這3個重點之間的平衡**

先了解使用小豆蔻、丁香與肉桂等原形香料與香料粉並用時的基本觀念，接下來就很容易了。在這個應用當中薑黃與卡宴辣椒的比例也是固定的，再加上多種香料構成。3種原形香料不要放太多比較不會破壞整體平衡。

固定
1/8 薑黃
1/8 卡宴辣椒
小豆蔻
丁香
肉桂
芫荽
孜然
變動

小知識

在料理最後步驟畫龍點睛的
「新鮮香草」

**你知道什麼是香草嗎？
就是擁有強烈魅力與香氣的新鮮香料。
先從找出自己喜歡的香味開始吧！**

在香料之中很容易被忽略的就是新鮮的香料。也被稱作為香草，有著豐富多樣的香氣。新鮮香草可以在炒的時候放入，也可以在燉煮的階段放入，更可以在上菜前放入咖哩中混合等，是很多功能的香料。

我戀上了咖哩

文末隨筆

有開始就會有結束。我與咖哩的羅曼史、種種珍貴的寶物、與最愛的店分離……。與咖哩的邂逅以及與咖哩道別的日子都造就了現在的我。

告訴我世界上竟然有「咖哩」如此美好的料理的，就是位於靜岡縣浜松市的咖哩專賣店「孟買」。大概在上小學時與「孟買」相遇之後，不知不覺就被它的美味所擄獲了。我從小學、國中到高中都是孟買的常客。我為數不多的零用錢也幾乎都花在「孟買」上面。但是要上東京念大學時，我就不得不與「孟買」說再見了。但是我竟然不覺得依依不捨，取而代之的是一抹不安的焦慮。身邊沒有了「孟買」，我真的能夠在東京生活下去嗎？

在東京展開新生活的同時，我開始追尋「孟買」的幻影。我在東京都內探訪一家又一家的咖哩專賣店，甚至在印度餐廳打工。我買了很多香料，努力想要重現出記憶中「孟買」的咖哩滋味。我將想得到的材料都丟進鍋中，用盡各種技巧追尋「孟買」的咖哩。但是不管我再怎麼努力，每次品嚐味道的時候都只有失望。那明明是我最喜歡的咖哩滋味，怎麼會就這樣一點一滴消失在記憶的彼端呢？

還是放棄吧！想要重現咖哩名店的味道，根本就是不可能的任務。對我來說「孟買」的咖哩是從小吃到大的特別滋味，一般的美味咖哩根本無法相比。那樣特別的存在是不可能簡簡單單就做得出來的。記憶中的咖哩就應該永遠留在記憶之中。自從我想通了這一點，我就不再想著要重現咖哩店的滋味。但是站在廚房甩著鍋子追尋「孟買」幻影的那段時光，竟帶給我意想不到的禮物。那就是做咖哩的技巧。在不知不覺間，我竟然練就一副能做出美味咖哩的好手藝。